KUKI time

糖霜餅乾的甜時光～

從基礎概念到質感秘訣，130+ 超美糖霜餅乾技法全圖解

林君健

目錄

第三章

開始很難但你可以學得很簡單

第四章

「色彩」是心情，是語言
─用喜歡的顏色來描繪你的故事你的畫

第五章

讓質感瞬間高級的小秘訣

第六章

一模，不一樣／16個模型，72種造型

第七章

一步一步，慢慢來會比較快
—— 6 組甜時設計經典款不藏私教學

第 一 章

開 始 ， 喜 歡 ，
甚 至 愛 上 這 個 工 作

前 言 ——
糖 霜 餅 乾 創 業 契 機 與 過 程

　　第一次看到糖霜餅乾是我在墨西哥工作的時候，當時的職業是室內設計師。獨自身處異鄉及工作壓力下，讓我有一陣子每天起床都充滿了負能量，某天午休無意間在FACEBOOK上滑到了一個光彩奪目的頁面，這畫面即使過了七年我依舊忘不了，就是「迪士尼主題糖霜餅乾」。

　　關於迪士尼的魔力，我想這是一個不可思議卻也無法解釋的神奇魔法，與其說它是一個品牌，不如說他代表著我們的童年、希望或一種幸福感！所以當我看到迪士尼各個角色、各種造型的餅乾時，那五光十色的畫面令人怦然心動，滑著一件又一件作品帶來的雀躍，彷彿讓我忘記了煩惱，自此每

天欣賞糖霜作品與研究如何繪製這件事使我樂在其中甚至樂此不疲，要說到廢寢忘食的地步也不為過。一個月後，因為實在太著迷糖霜藝術，我向老闆提出了辭呈，當時的老闆問道：「妳走了，那公司怎麼辦？」我想了一會兒，確實可以在國外工作的機會不可多得，但與其從事我已沒有熱忱的工作，替別人賺錢，不如趁著年輕去創造屬於自己的價值！回國之前我便找好了創業班老師，帶著滿腔熱血準備迎接新挑戰！

直至如今，對於自己踏入糖霜的緣由都覺得非常神奇（且無聊），好像冥冥之中有股堅定卻純粹的力量指引我往這條道路，因此我也鼓勵大家，若有熱忱的興趣就勇敢去追尋，最難的是決定出發，決定出發後請心無旁騖的大力去實踐！

不要害怕！我的一開始也很糟糕！這是我第一次接觸糖霜，在創業課程的練習作品。

轉換跑道並不難，難的是下定決心！

後來許多學生（包刮自己的朋友）問我，從來沒有擔心過會創業失敗嗎？我回想當時的狀況並回答：「好像沒有」，深思過後，可以說是「我壓根沒有想到與想過這個問題呀！」

不知道是一頭熱血讓我沒有憂患意識還是初生之犢不畏虎，現在想起來沒有這個煩惱反而對我來說是件好事，讓我無後顧之憂的放心去衝撞。不過，「一開始當然沒有客人呀！」

那客人怎麼來的？

我的第一張大單，營收 0，淨利也許⋯⋯負二萬？

當時一位很好的朋友剛應徵上婚禮公司的行銷企劃，她需要有工作表現而我也需要曝光度，我們討論的合作內容是無償提供300片婚紗造型的糖霜餅乾送給來店諮詢的新人。雖然看似我做了無敵超級大白工且還要倒貼時間與材料成本，但因為短時間瘋狂大量的練習使我進步神速，後續也真的有新人來洽詢婚禮小物，甚至還有報名上課的學生，以退為進的營運方式反而讓我有不少收益！

　「不要急著賺錢」便成了我給新創業的朋友一個很重要的忠告。

生涯第一張無酬大訂單，100 片婚紗、100 片西
裝、 100 片花圈，因短時間不斷練習，即便還
是創業新手，成品還是得到不錯的迴響。

非常幸運的是在我初期創業的期間，正巧碰上了許多即將舉辦婚禮的朋友，一場婚禮動輒兩三百片的訂單，有了前次大量製單的經驗，這幾場大訂單的製作對我來說便輕而易舉。透過這些經驗，得以不斷優化製作流程，加上母親從事外國線的月嫂，有許多收到彌月禮盒、收涎餅乾的機會，也讓我看到更多糖霜餅乾應用的可能性。

初期接大量訂單的目的不在賺錢，而是練功！
即使材料與製作時間看似賠本售，我還是會積極爭取，因為瘋狂大量的練習會讓自己的技巧與成品質感瞬間提升。

我的創業之路非常幸運，我也感謝每一個訂單的機緣，創業是辛苦的，尤其自由業更需要鞭策自己且不斷精進，決定往這條路前進後就別三分鐘熱度，沒有訂單我們就慢慢練習，每天給自己一個目標或一個進度，只要你準備好了，就等機會上門而已！

01. 送往澳洲的 30 盒彌月餅乾　02. 婚禮小物

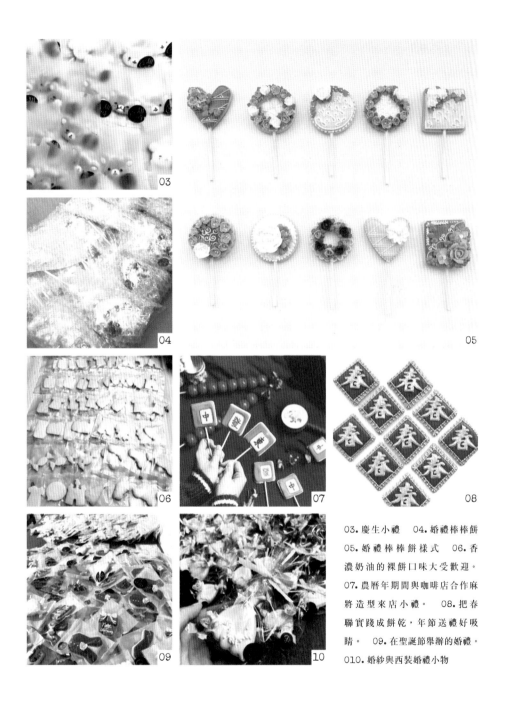

03.慶生小禮　04.婚禮棒棒餅
05.婚禮棒棒餅樣式　06.香
濃奶油的裸餅口味大受歡迎。
07.農曆年期間與咖啡店合作麻
將造型來店小禮。　08.把春
聯實踐成餅乾,年節送禮好吸
睛。　09.在聖誕節舉辦的婚禮。
010.婚紗與西裝婚禮小物

甜時的品牌理念

甜時的初期以全客製且精準地完成委託人的訂製需求為主
要目標，盡力將每一個細節完整呈現。而關於客製，除了
卡通人物、品牌，我們更欣喜與期盼的是能製作出一段故
事與寶寶的專屬回憶。

日本甲冑與武士刀

例如2022年我接到一個主題為「日本甲冑與武士刀」的收
涎客製訂單，因委託人非常喜歡一位武士的精神，而選擇
了這個主題做為寶寶的收涎餅乾。委託人收到餅乾後告訴

（圖片為委託人提供）01.頭盔線條與裝飾　02.甲冑圖騰　03.武士刀整體
呈現　04.頭盔圖騰

我：「其實在收到這組餅乾之前，寶寶因為泌尿道感染住院了3天，看見他手上被插針孔，住院時害怕又無辜的表情，真的很心疼！因為我一直很自責沒有照顧好寶寶，害寶寶生病，也曾擔心寶寶在收涎這麼珍貴的時刻要否要在醫院度過了？在心靈非常脆弱之時剛好收到這組以我最喜歡的武士主題為主的餅乾，對我來說是很大的鼓勵，之後寶寶也順利出院了，我們在家開心的慶祝。」

「有意義的餅乾，不僅僅只能是收涎儀式的道具，原來在特殊時刻，它還能鼓舞送禮的人。」這是我聽完這個故事後，最深的感觸。

個人收藏的北歐瓷器

「我真的相信一分錢一分貨，我就是那種什麼都不會，但很相信專業。而且看到作品就知道妳花了多少精力，下了多少功夫，所以餅乾貴嗎？我覺得很值得！」這是完成這組作品後委託人給我的回饋，接洽時委託人希望製作的款式，是她個人收藏的北歐瓷器，「心之所向老件上桌，餐桌上的老派生活」為委託人給自己休閒時光的slogan，她也在IG上展示其收藏（IG:ballet_littleq）。

喜愛布置的委託人親自打造這一場溫馨的派對。

繪製收藏小物上的圖騰元素於餅乾上。

儀式感滿滿的收涎派對布置。

對於我，除了藉著餅乾傳遞情感與傳承喜好到寶寶身上外，可以完整描繪出委託人心中喜愛的物品於收涎餅乾這麼大意義的物品上，得到最好的反饋莫過於完成這客製任務後的成就感，尤其是當我收到收涎派對的照片，彷彿隔著手機螢幕都能感受到在寶寶滿4個月這一天，闔家歡樂的時光有多珍貴與美好。

其他還有像是在2023年接到一位媽媽親手繪製手稿，設計寶寶貼身衣物的專屬餅乾這樣有趣的主題。

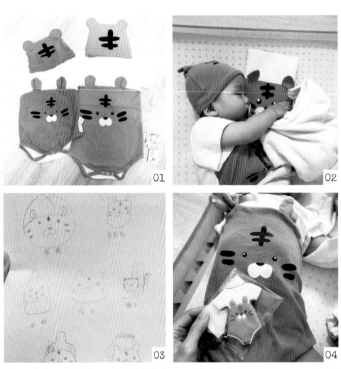

（圖片為委託人提供）01.寶寶私人衣物　02.穿著小老虎裝的寶寶　03.委託人親手設計的稿圖　04.餅乾成品與衣服還原比對

甜時也承辦公司行號的糖霜活動體驗。

01.企業小組活動　02.糖霜繪製體驗　03.繪製示
範　04.05.學生活動成品

品 牌 理 念 轉 換

「你們的餅乾好精緻，我決定要訂你們家的餅乾，但對於造型沒有想法，可愛就好。」

「我的寶寶是女寶寶，有什麼建議嗎？」

「我不要可愛風的，其他您幫我決定就好。」

「我要一組男寶寶可以使用的餅乾，下禮拜要取貨。」

這些都是讓我們非常困擾的委託訊息。

憑空生出一組沒經過詳細討論就能令人感到滿意的餅乾，是最困難的委託任務。

據統計，2023年出生的寶寶人數爲145,903人，平均每個月有12,000多個寶寶出生，換句話說每天居然有將近400個寶寶呱呱墜地，如果一組客製作品須耗時1-2天製作，那麼要讓50%的寶寶可以擁有自己的收涎餅乾，就得有200名不眠不休不停製作餅乾的老師們存在！天啊，這數據眞的是非常可怕，2020年初，甜時開始在市面上小有知名度，正處於穩定且飽和的接單期，但每天推掉的訂單訊息平均6－8則。

「生產完後忙著休息、養身體，一回神發現寶寶居然快四個月啦，餅乾已經來不及訂了～」

「因為是第一胎，不清楚寶寶的收涎餅乾居然需要這麼早訂。」

「生產完後忙著工作，猛然想起下周寶寶就要四個月了，已找不到店家可以製作。」

大多的訊息看完皆是心疼且無奈，有時還會伴隨著被情緒勒索（電話猛Call、連環訊息）的困擾，常常在深夜清洗器具，收拾完一堆工具用品後還收到「能不能加錢給你們，加班幫我趕單呢？」我多想對天吶喊「都大半夜了，請問我還要加到幾點呀～～～～～～」

一組餅乾最精簡的流程：

原料採買→製作麵團→烘烤餅乾→調製顏色→打底→圖案繪製→包裝→出貨

我們就不說製作麵團後的冷凍時間、每筆訂單來回的討論時間、圖案的前置作業、全乾的烘烤時間（兩小時起跳）等……其實，能夠賺錢的機會，老師們何嘗不想接呢？實在礙於大家一天都只有24小時，能夠做的數量就是有限，我們也需要喝水、吃飯、休息、睡覺，雖然這份工作不需要花費很大的體力，卻是非常的耗時啊。

在大量經驗累積後推出了經典款作品，方便對造型沒有太多意見的客人選擇，模組化也能加快製作速度。

這些日子我嘗試解決以上的棘手問題，試著讓一天24小時內可以有更多組餅乾產出，讓更多寶寶可以享有收涎的喜悅，也希望設計出讓原本沒有任何想法的客人，能一眼就滿意的餅乾。因此除了客製外也加入以下方式：

一、推出品牌的經典款

甜時經典款概括這六年來最常被欽點、最受喜愛、最具特色、最具品牌代表性與獨家自創（部分款式）的餅乾組合，我將這些款式定製成模型，統一色系，讓款式模組化，降低了不少成本，也回饋在售價上，不僅改善了全客製價格昂貴的問題，製作餅乾的時間也從全客製的兩天降為一天兩組，讓我能有更多的時間製作更多組餅乾。

經典款主要的設計概念有兩種，一是以傳統的生肖為主，另一種是以大眾喜愛與流行風氣為主，在第七章實作的部分會再說明。

二、自己寶寶的餅乾自己做

開放ＤＩＹ名額，無論是收涎、生日、婚禮、新年禮、畢業季甚至是媽祖繞境活動使用等等，我們都非常歡迎，讓學生選擇自己喜歡的圖案、造型，自行做好事前功課與配色，提供半成品材料（冷凍餅皮、已打發的糖霜）與基本製法講解，讓學生實作體驗，除了滿足送禮的心意，也

可以讓有興趣的朋友體驗糖霜繪製的樂趣與不易。記得曾經接到一組詢問婚禮小物的新人，覺得報價不符合她的預算，決定參加課程來製作自己的婚禮小物，但一天八小時的時間最終只完成了五片的餅乾，課程結束後她腰酸背痛的說：「太辛苦啦～我的婚禮不會出現自己做的糖霜餅乾了～」

後 續

經營到了第七年，非常幸運有這個機會可以和大家分享甜時一路走來的經歷與故事，甜時的理念就是希望可以藉由我喜歡的糖霜留下值得回憶的事物，這本書也是，在未來一定還會有更多值得我們深思與改善的考題，例如：糖霜產業的維護、糖霜工藝的價值等……在此之前我們就先好好享受糖霜帶給我們的美好旅程。

我的創業之路非常幸運，我也感謝每一個訂單的機緣，創業是辛苦的，尤其自由業更需要鞭策自己且不斷精進，決定往這條路前進後就別三分鐘熱度，沒有訂單我們就慢慢練習，每天給自己一個目標或一個進度，只要你準備好了，就等機會上門而已！

製作糖霜餅乾所需器材 及創業成本估算

要存多少錢才能創業呢？如果今天我想自創品牌接單，需準備多少金額呢？想創業但害怕存不夠錢的朋友，讓我一一分析創業成本給你們聽。

以下為參考現今物價（2024年9月）最基本需支出的成本估算（估算僅供參考，可視自身情況調整）。

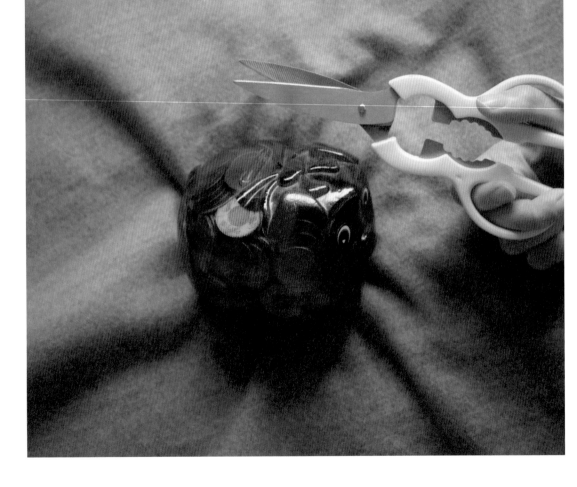

項目	內容	備註	金額
機器設備	烤箱、桌上型攪拌機、烘乾機、封口機	估算金額為大眾品牌的機器設備，可依個人喜好增加設備等級。	30,000
原料	奶油、糖粉、蛋、蛋白粉、麵粉等	以第一次購入或第一次製作需要的量計算。	1,500
繪畫工具、造型製作所需材料	色膏、色粉、色素筆、畫筆、餅乾模型、轉盤、針筆、花嘴花座花丁等	各個品牌的色膏、工具價差很多，我們以平均金額計算。所用之工具也因個人風格不同，而有不同選擇，在此僅列出一般創業課程最基本所需之用品。	6,000
包裝	包裝袋、紙盒、乾燥劑、紅線、收涎小卡、防撞包裝等	以一百份最基本所需包裝計算。☆客製包裝一次訂製的數量越多，成本會低非常多哦～	7,000
課程費用	一套創業課程＋兩堂進修課程	自學也可免去課程費用，相對需要花費更多時間來學習研究。	46,000
行銷費用	社群網站廣告、實體ＤＭ、貼紙、廣告設計等		依個人需求估算
工作場地成本	如工作室租金、水電、網路等費用		依個人需求估算
		總　計	90,500

原來不用十萬就能打造自己的品牌！

以上列表乍看需付出的金錢成本並不高，若自學還可以省去將近一半的費用，實際上卻非常需要花費大量的時間來練習、研究製法、打樣、經營等，很多的隱形成本夾雜在其中，時間成本雖然無法用數字計算，但也是筆不容小覷的成本哦！

建議大家在決定創業前一定要再三的考量自己現階段是否有能力可以負荷不穩定的收入並且能堅持下去，不然中途放棄是一件非常可惜的事～

03

01

04

02

05

07

第 二 章

每 一 組 餅 乾
都 有 自 己 的 故 事

　　糖霜餅乾的運用非常廣泛，小小一塊餅乾可以有無限大的功能，這個小玩意在國外已盛行多年，不論是夢幻婚禮、新生 Baby shower、抓週派對、生日派對、畢業典禮及教師節、聖誕節、品牌活動、慶祝新年等節慶都非常適合製成專屬小禮送給他人，已成了近年節慶活動上的一種必備禮品。那您知道在台灣糖霜餅乾興起的用途是什麼嗎？就是「收涎餅乾」！

賦予寶寶更多力量的餅乾

除了送尿布等實用品項，收涎餅乾也成為送禮熱門～

近年來由於社群媒體興起，收涎已成爲寶寶們的重要儀式，以前要準備奶油酥餅、平安餅，現在已經可以客製化任何圖案，諸如寶寶超音波圖、寶寶的玩具、肖像，都可以呈現在這塊餅乾上面。越來越多家長會透過收涎儀式把寶寶的影片照片放上社群平台，讓遠在各方的親戚朋友認識，也使收涎活動日漸流行起來，許多充滿新意的朋友會選擇收涎餅乾這種特別又獨一無二的禮品來表達祝福。

什麼是收涎呢？主要目的是祈福

寶寶在四個月大時準備開始長牙，在這個階段口水會開始變多，因此家人會舉辦一個收涎儀式獻上祝福，希望寶寶

可以停止流口水且平安健康的成長。同時，收涎還有另一層意義——在傳統觀念上小嬰兒出生四個月內是禁止出門的，即使出門了天黑後要馬上回家，不然會容易生病、不好帶養或是「驚到」，而舉辦收涎儀式時會邀請各方親友前來，剛好可以讓寶寶跟親朋好友來個相見歡，對於最喜歡團圓的亞洲人來說，這個活動的舉辦已成為寶寶滿月後最盛大的派對。

收涎儀式

衣著

依傳統習俗會讓寶寶穿著藍色衣服，代表聰明活潑之意，婆家需準備祭祖用的牲禮以及紅龜粿；娘家則需「送頭尾」，準備帽子（金禮徽）、鞋子、衣服、褲子等。近來已逐漸省去這些繁雜的儀式，讓寶寶穿著舒適輕便的衣服，也常看見配合活動主題，打扮成各個卡通角色的可愛模樣，活動主題與創意顯然已成為決定服裝的主要因素！

流程

收涎餅乾準備好後，用紅線將餅乾串起，古時一串以12的倍數為主，象徵吉祥圓滿；現已簡化至準備6片以上的雙數即可，串好後的餅乾串會綁在寶寶脖子上，由長輩依序

撥下餅乾，滑過寶寶的嘴唇，接寶寶的口水，並邊說吉祥話祝福孩子。

收涎吉祥話

收涎收答答，乎你卡緊叫爸爸（媽媽）

收涎收灘灘，乎你健康好搖飼

收涎收灘灘，乎你大漢吃百二

收涎收灘灘，乎你大漢好脾氣

收涎收灘灘，乎你事事囉如意

收涎收灘灘，乎你阿爸大賺錢

收涎收答答，乎你考試攏 all pass

收涎收灘灘，乎你事事都如意

收涎收答答，乎你每天穿美衣

收涎收答答，順事如意沒意外

收涎收答答，乖巧可愛人人疼

收涎儀式是不是很簡單！

千萬別忘記留下最珍貴的合照與影像，保存這份美好的回憶～

獨一無二的愛與分享

早期收涎餅的外型以圓形、中間空心可穿線為主，代表
「家門圓滿、福氣綿延」。一般會準備甜甜圈、奶油酥餅
做簡單的收涎儀式。由於時代的改變，人們逐漸重視流
行、創意與儀式感，讓收涎儀式越來越普及與隆重，甚至
不亞於慶生。餅乾的選擇趨向多元，造型與樣式也越發花
俏，不只收涎餅乾，馬林糖、收涎饅頭這些新興商品也如
雨後春筍般出現，父母腦力激盪出最特別、最浮誇、最吸
睛的餅乾造型，連背景布置都非常講究，卡通人物已是基
本款，父母職業相關主題、父母喜愛的零食小吃、寶寶個
人的玩具造型甚至超音波照片都成了最新潮的訂製款式。

我希望這不是一本收涎餅乾教科書，而是分享，分享餅乾
背後的故事，分享收涎派對的喜悅。

我製作收涎餅乾，已有七年的時間，做過的餅乾數量超過上千組，每天要進行一樣的程序——準備材料、揉麵團、烤餅乾、調色、打稿、繪製。很多親友問我，每天做著同樣且重複的事難道妳不會厭倦嗎？我的答案是：「不會呢～」每一組餅乾造型款式都不一樣，它代表著每個寶寶都有「不同的故事」。

我印象深刻的故事

無論是製作前與媽咪的溝通或收到收涎派對後的回饋，我總是可以聽到許多故事，有感動、有訝異、有心疼也有安慰，記得有一組餅乾，製作時媽咪指定了各個神明的肖像，我好奇地問她，家裡有非常非常虔誠的信仰嗎？或是家裡是經營宮廟的業務嗎？她聽了後急忙地告訴我：「都不是，但這個寶寶可以有收涎的機會，都要感謝神明的保佑。」原來寶寶是早產兒，身體非常虛弱的在與生命搏鬥時，親人們每天都非常虔誠的祈求神明的幫助，希望能有一絲希望，值得開心的是寶寶情況逐漸好轉，身體還十

分健康，因此家人們選擇神明樣式來當寶寶收涎餅乾的圖案，一是感謝這段期間神明的庇佑，二是因為收涎餅乾會圍圈在脖子上，象徵寶寶生長的過程中，都有神明在旁守護。

另一個故事則是在我完成一件作品後，例行性將成品照片發送給客人做確認，在文字訊息最後我寫到：「媽咪辛苦了，這是寶寶的收涎餅乾照片，提供給您當作紀念～」很快的我得到了客人的回覆：「謝謝您～不過我不是媽咪啦，我是寶寶的姑姑！」我回：「哇！大多數的訂單都是媽咪來跟我預定的，少數是爸爸，但姑姑真的沒有見過！您真是一個疼愛姪子的姑姑呢！」，她以「因為寶寶的媽媽已經不在了」結束了這段對話，我心疼的情緒瞬間無法言語，寶寶收涎不過是出生四個月的時間而已，初來乍到連學會叫媽媽的機會都沒有，卻已失去了母親，但值得安慰的是寶寶還有著親人們的疼愛，為他選擇的收涎餅乾款式並不是公版，每片都有指定的造型與圖案，收涎餅乾價格並不便宜，尤其是全客製款式，製作前的溝通也不是隨便呼嚨的過程，這就代表著姑姑的用心與疼愛。

前年，家中的愛犬罹患了乳癌，有一段期間看她弱小的身軀因為手術及化療的關係，從以前搖著尾巴調皮討抱到最

後虛弱到步伐蹣跚，終究不敵病魔而離開，牠是我們領養一年多的毛小孩，因為多次的遺棄、送養、放養，從來沒有受到好好的照顧，身體並不健康，可以說是一堆毛病，實際年齡更是不明（醫生診斷約為十五歲左右），一隻沒有受到人類好好對待的老狗，在遇到我們時卻沒有害怕、膽怯而是天天纏著我們不放，很調皮、黏人、親人甚至會主動坐在我們腳上，連睡覺都會窩在我的枕頭邊（唯一的缺點大概是以前的日子從沒吃飽，會去翻垃圾桶找吃的，常常把家裡搞得處處有垃圾），原本希望給牠一個最後的家，讓牠好好養老，好好看看世界有草皮、有游泳池也有軟綿綿的床而不是只有冷冰冰的狗籠，她總是帶著笑臉（唯一一次看見她哭喪著臉是在手術完後麻醉退的恢復時間）當她終於可以安心享福時卻突然離開了，幸福的時間太短這件事成了我們最大的遺憾。在我低潮之時突然收到了一個客製委託，希望以家中兩隻毛小孩為主題來製作一組收涎餅乾，一般來說餅乾主題幾乎都圍繞在父母親或是寶寶喜歡的事物上，一生只有一次的收涎餅乾如果以毛小孩為主題，那牠肯定非常受到飼主的疼愛與重視，雖然心情還未恢復，但我毫不考慮的就答應了，並且使出比平常製作訂單三倍的精力來完成這組作品，來抒發我對愛犬的思念，神奇的是那段期間也遇到多組與我家毛小孩同名的寶寶小名，每寫一次名字就多安慰一些，總覺得冥冥之中，牠藉由某種方式回來看看我。

工作期間沒有同事，難免孤寂，不過有了這些故事，陪伴

01. 紀念我的兩隻約克夏、薩摩耶還有比熊
02. 製委託製作的兩隻可愛小博美

著我在這條漫漫之路不斷的成長，路途很辛苦但也很快樂。藉由這本書，我想簡單的分享，分享給對糖霜有興趣的朋友，藉由糖霜可以留下紀念與許多回憶；分享給想創業但不敢下定決心的朋友，怎麼調整好心態，並堅定地出發；分享給想自己動手製作收涎餅乾的媽咪，如何親手爲寶寶打造出生後的第一份禮物。

TO BE CONTINUED……

第 三 章

開 始 很 難
但 你 可 以 學 得 很 簡 單

糖霜餅乾主要由餅乾基體及糖霜組成，製作糖霜餅乾對於新手來說需要準備的工具與器材不算很多，步驟也不繁瑣，只要理解製作原理及掌握流程就能輕鬆駕馭，非常適合在家自學，如果再發揮天馬行空的想像力，糖霜無止境的變化一定能讓你在假日的午後玩的不亦樂乎。

在這一章節清楚介紹了關於糖霜餅乾的基礎知識，從揉麵團開始、如何烤出乾淨平整不出油的餅乾體、判斷糖霜的完美狀態及拉線技巧與練習，除了逐步詳細講解外更不吝嗇分享各個失敗的經驗，讓你在最短的時間內就能有效率地學習並做出好吃又漂亮的糖霜餅乾，準備好開始糖霜之旅了嗎？翻下一頁我們就開始嘍！

需要設備（工具）

1. 電子秤
2. 橡膠刮刀
3. 擀麵棍
4. 攪拌工具
   （手拌／手持式攪拌機
   ／桌上型攪拌機）
5. 篩網
6. 槳狀攪拌器

🔑 Tips

● 槳狀攪拌器有助於打出空氣，讓糖可以較快溶解，使麵糊狀態均勻。

● 使用工具做出之餅皮穩定性：桌上型攪拌機＞手持式攪拌機＞手拌。

餅皮配方（一份）

7. 蛋／1 顆
8. 低筋麵粉／250g
9. 糖粉／75g
10. 奶油／100g

🔑 Tips

● 市售餅乾模具大小約 6-8cm，一份配方可以烤出 15-20 片餅乾。

● 一次使用 2-3 倍基本配方來製作，可以發揮時間最大效益，材料的量也較好操作。

● 此配方約為半糖的甜度，裸吃就非常香濃可口，搭配糖霜食用不僅不會太甜也充滿香氣。糖量可依自己口味的喜好來調整，但糖具有撫平餅皮表面的效果，要注意過少的糖會讓餅乾烤起來表面較不平整。

● 若怕餅乾體太甜又不想減少糖量影響餅皮平整度，可以添加 1g 的鹽來左右味覺的平衡。

● 如需製作其他口味餅乾，可以減少 20g 麵粉，加入 20g 的烘焙用調味粉（可依不同品牌及口味自行做調整）。

Step

01 準備好製作餅皮的工具及材料。

02 放入切塊的無鹽奶油。

    ● 奶油預先切塊可增加攪拌順暢度及與其他原料更緊密融合。

    ● 未開封奶油放置冷凍保存為佳，建議可於製作餅皮前一天移至冷藏退冰，需使用時再放置室溫軟化。

    ● 過度軟化（甚至融化）的奶油會讓烤出來的餅乾容易出油，退冰程度可用手指稍出力即可壓出痕跡的狀態來檢視。

03 使用塑膠刮刀將奶油塊分割。

04 使用槳狀攪拌器，以低速稍微拌開奶油。

    ● 剛退溫的奶油硬度非常高，於這個步驟時要留意奶油可能會激烈與鋼盆碰撞，可以稍微用雙手穩固鋼盆。

05　避免奶油打發不均，適時整理沾在鋼盆邊與攪拌器上的奶油
　　（可重複動作 1-2 次）。

　　　● 注意奶油不要打發過度呈泛白狀態，打至質地均勻即可，以免奶
　　油過於蓬鬆反而讓烘烤後的餅乾容易變形。

06　直到奶油打至羽毛狀後，可停止攪拌。

　　　● 奶油打入空氣後，質地逐漸輕盈，顏色也慢慢從金黃色變成鵝黃
　　色。

07　確認奶油狀態均勻後再加入糖粉。

　　　● 目前市售糖粉大多有含玉米粉，較不容易結塊，可以省去過篩的
　　步驟。

08　避免攪拌機開啟後糖粉噴灑，先使用塑膠刮刀以切拌的方式
　　手動將糖粉與奶油稍微拌在一起。

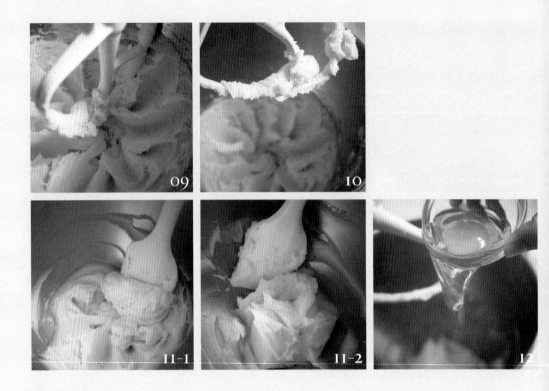

09　開啟攪拌機，以低速攪拌。

10　適時整理沾在鋼盆邊與攪拌器上的糖粉，使均勻融合。

11　奶油打到質地潤滑白亮即可，並刮盆稍做整理。

12　分兩次添加蛋液，讓奶油更能均勻融合。

　　◉ 若雞蛋剛從冰箱取出，建議先放置室溫稍微退冰，蛋液溫度太冰
　　的話不易與奶油融合。

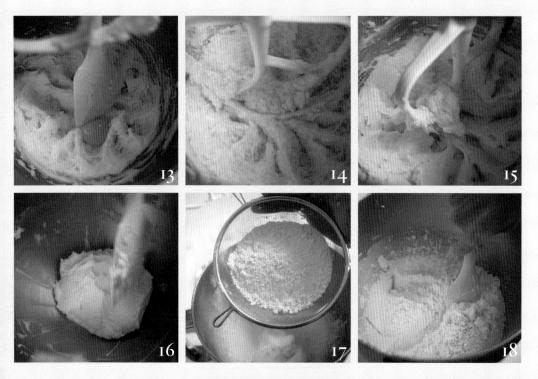

13 以橡膠刮刀手動拌開雞蛋。

　　◉ 稍做攪拌的動作，為的是避免攪拌機一啟動，蛋液會噴濺出來。

14 開啟攪拌機以低速攪拌。

15 適時停止攪拌，整理沾在鋼盆邊與攪拌器上未融合的蛋液。

16 奶油與蛋液完全融合後，會呈現鵝黃色的絲滑狀態，不會看
　　見顆粒及液體光澤。

　　◉ 若出現顆粒及局部塊狀，表示奶油與蛋未完全融合，可能是蛋液
　　的溫度太低讓奶油結塊，可以稍做回溫再繼續攪拌。

　　◉ 也可以切成中速攪拌，確實將奶油與蛋液均勻混合。

17 以輕拍的方式讓麵粉過篩，分次加入。

18 以切拌的方式稍使麵粉與奶油融合。

　　◉ 輕輕手拌，避免麵團過度摩擦，攪拌過程中力道太強或攪拌太多
　　次，麵團容易出筋。

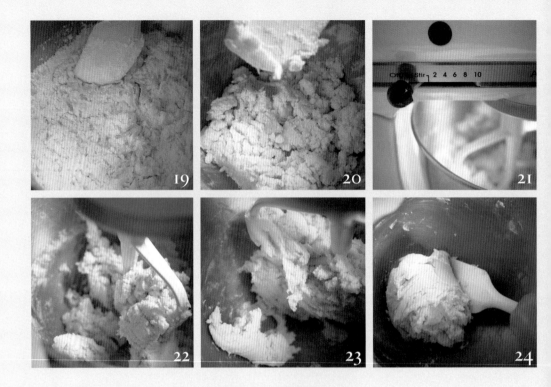

19 底部也翻起拌勻。

20 重複動作幾次後，麵團呈現鬆散但均勻吸附麵粉的狀態。

21 全程以低速攪拌。

　　● 攪拌過度會使麵團出筋，出筋的麵團易讓烤出來的餅乾變形、出油。

22 適時整理鋼盆邊與攪拌器上的麵團，將其刮下攪拌。

23 低速攪拌至麵團自然不沾盆底。

24 手動整理攪拌器上與鋼盆邊的麵團。

25 麵團整理完後移至較小的鋼盆。

26 鋪上保鮮膜後，放置冷藏 30 分鐘，讓麵團鬆弛。

　●麵團冷藏後的硬度更有助於後續的整形。

27 於工作臺面鋪上一層保鮮膜。

　●保鮮膜也可使用烘焙紙替代，保鮮膜的優點是可以隨時檢查餅皮狀態；烘焙紙則可以使餅皮更加平整，可以視自身需求選擇合適的材料。

28 撒上一點麵粉。

29 拿出冷藏的麵團稍整形。

30 將麵團稍微壓扁。

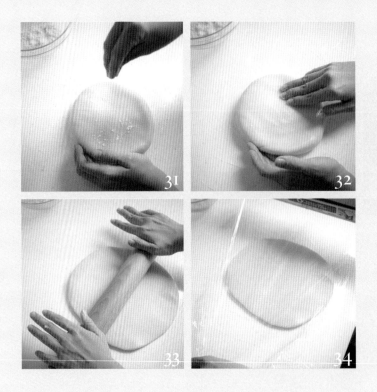

31 撒一點麵粉至麵團上。

◉ 撒上些許麵粉，使用擀麵棍時才不會沾黏。

32 麵團四周邊整理邊壓平。

33 使用擀麵棍大略桿平。

◉ 鋪上保鮮膜後，麵團劇烈擠壓容易造成保鮮膜變形破掉，為避免
這個狀況產生，我們會先進行第一次的桿平。

34 鋪上一層保鮮膜。

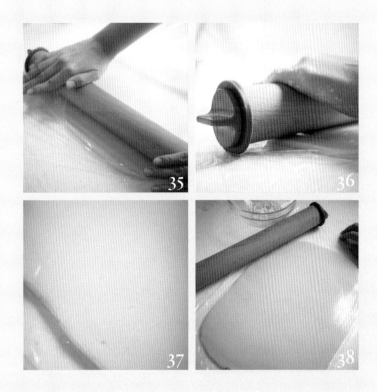

35　使用擀麵棍仔細、均勻的桿平麵團，桿的姿勢從中間往外擴
　　張。

36　桿平麵團至墊片完全貼合工作檯面，桿出來才會是非常平整
　　且厚度一致的餅皮。

　　● 市售可調整厚度的擀麵棍附有許多尺寸墊片，建議糖霜餅乾使用
　　的墊片厚度為 0.6cm，此厚度烤出的餅乾不易斷裂，畫上糖霜後也
　　不會顯得太厚不好入口。

37　檢查餅乾表面。

　　● 製作麵團時無法避免空氣進入，桿平後會出現一點點氣孔，可以
　　稍為抹平修飾，避免烤出來的餅乾會有小洞。

38　大功告成的餅皮！

使用過的麵團
怎麼處理？

餅乾的造型多變化，壓模完之後肯定剩下不少零碎的麵團，這些已使用過的麵團放著不知道如何是好，丟掉又可惜。若想讓它們起死回生，不妨跟著以下步驟試試！

Step

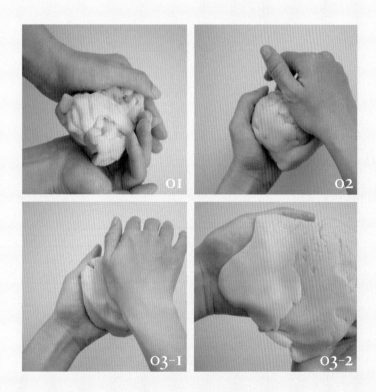

01　將麵團輕輕往中心聚攏。

　　● 使用過的麵團狀態已沒有新鮮麵團好，必須更小心的處理，以免麵團出筋烤出來的餅乾出油又變形。

02　使用大魚際 (虎口右下方部位) 輕輕按壓麵團。

03　來回翻轉，按壓撫平每一面麵團。

　　(03-2 左邊為整理過的麵團，右邊是未整理的麵團)

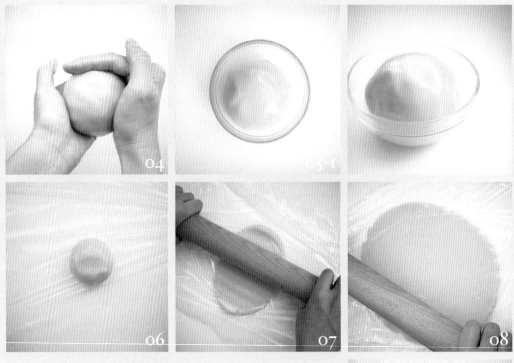

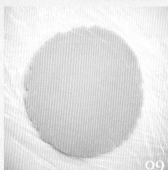

04 撫平完後，慢慢整形。

05 整理完後的麵團。

　● 盡可能整理到表面光滑無縫隙，烤出來的餅乾才不會斷裂。

06 工作檯面鋪上保鮮膜，麵團稍微按壓。

07 擀麵棍從中心往外擀。

08 擀至擀麵棍完全貼齊工作檯面。

09 二手麵團整理完成！

　● 零碎的麵團經整理後雖然還可以繼續使用，但復原越多次，烤出來的餅乾越容易有裂痕，麵團建議使用兩次就好，剩下的就讓我們斷捨離吧！

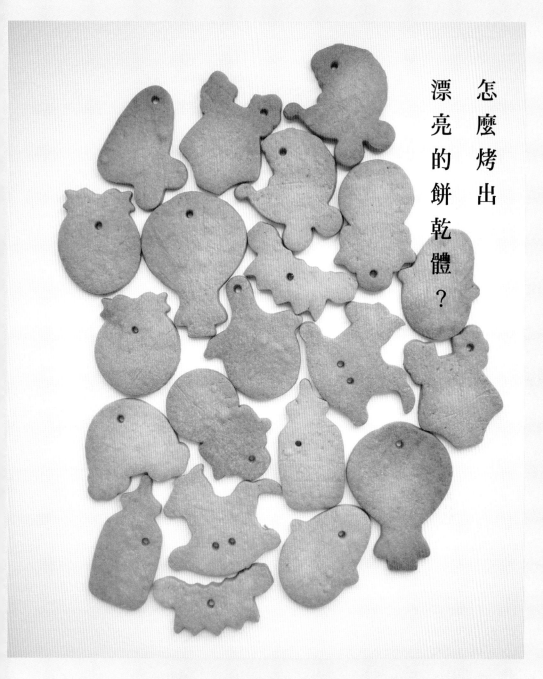

怎麼烤出
漂亮的餅乾體？

烘烤餅乾的失敗率雖然不高，但要烤出漂亮的餅乾體，對烘焙新手來說也非輕而易
舉。只要注意一些眉眉角角的小細節，並善用工具，就能讓餅乾們「亮的發光」！

● 剛從冷凍庫拿出來的餅皮太硬不好壓模，取下也易斷裂；久放室溫的餅皮太軟，壓摸不好切的整齊，取下也易變形。最理想的餅皮硬度約從冷凍庫取出放置室溫 1-2 分鐘，既好壓模也能輕鬆取下。

烤溫

上火170度

下火170度

預熱後放入烤箱烘烤時間20分鐘

● 預熱很重要！烤箱不會一打開就升至我們所需的溫度，因此我們需要一段時間來預熱烤箱，如果沒有先預熱就將餅乾放進烤箱內，會有烤溫不均的狀況，還可能出現表面已焦黑但內裡未熟透的情況。

● 每一台烤箱的烤溫不太一樣，連烤箱內的烤溫都有可能左右不均，可以自己實驗幾次，詳細了解自己的烤箱，記錄哪一個溫度及時間烤出來的餅乾狀態會最完美。

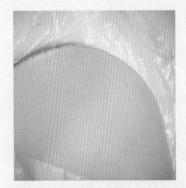

新鮮且表面平滑的餅皮。

空氣滲入麵團，表面充滿孔洞的餅皮。

● 要烤出漂亮的餅乾，餅皮的狀態就佔了80%的重要性，採用表面平整、新鮮的餅皮，再留意烤溫及運用適當的工具，那麼要烤出漂亮餅乾，絕對是輕輕鬆鬆的事情！

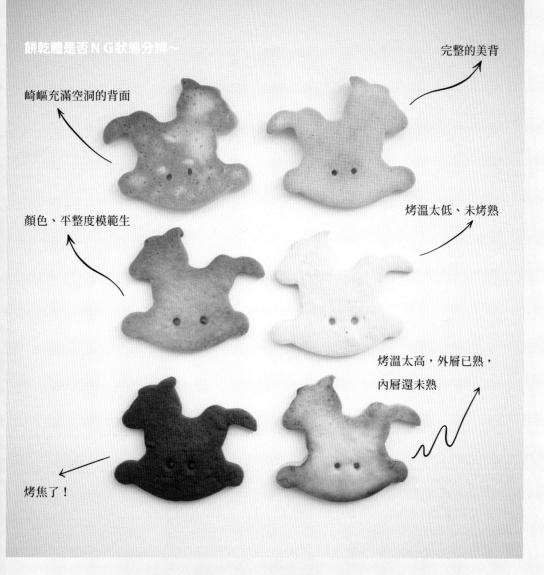

完整的美背

崎嶇充滿空洞的背面

顏色、平整度模範生

烤溫太低、未烤熟

烤溫太高，外層已熟，
內層還未熟

烤焦了！

▪ 收涎使用的餅乾怎麼打洞？

餅乾上要穿線的洞，進烤箱前就需先打上，最隨手
可得的工具就是「吸管」！可以依照自己需求，尋
找合適尺寸的吸管，或是圓柱形的手工藝品工具、
美甲工具，都可以用來打洞。

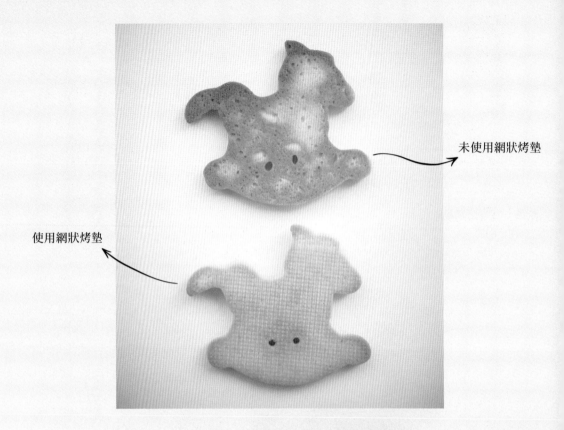

未使用網狀烤墊

使用網狀烤墊

烤墊要選擇「有實際孔洞」的烤墊，很多人買成乍看有孔洞，實際上表面是一層透明矽膠的「馬卡龍烤墊」，尤其在網路下單時，更要仔細看清楚，不要買錯了！

● 剛從烤箱出爐的餅乾，不要馬上就去移動或觸碰餅乾體，除了容易燙傷外，此溫度還屬於餅乾易被塑形的狀態，可能會造成餅乾形狀改變或是斷裂。最好的移動方式就是將烤盤整盤取出並放置室溫冷卻，冷卻後的餅乾會變得更加堅固，此時再做單片的移動，這樣就大功告成嘍！

網狀烤墊

馬卡龍烤墊

自
己
決
定
我
的
餅
乾
形
狀

餅乾的造型千變萬化、多彩多姿，模具買不完不打緊，最
害怕的就是想要的樣式沒有模具可以使用，送印3D模型列
印，除了成本高外還須花費時間等待製作，若是只使用一次
更是浪費時間與金錢呀！

因此若想做「一次性」的餅乾形狀，我們可以利用一些小工
具來完成，讓創作得以更自由！

自製紙模小工具

1. 描圖紙（180磅）
2. 圖案底圖
3. 雕刻刀
4. 食用色素筆
5. 小剪刀

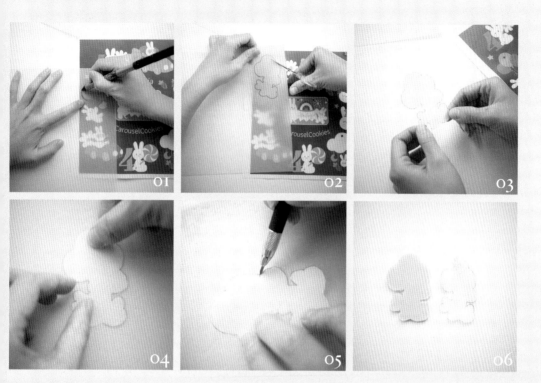

01 將描圖紙放置圖稿上方,使用食用色素筆描出框型,框線的距離建議離圖案邊 3 ～ 4mm。

02 描繪完成後將圖案剪下。

03 紙模製作完成!

04 將紙模放置於冷凍庫取出的餅皮上。

　● 剛取出的餅皮硬度非常高,稍回溫 20-40 秒後(依據季節調整)為餅皮最好切割的狀態,隨著氣溫升高餅皮開始軟化後,切割過程會出現鋸齒狀甚至因拖曳而讓餅皮變形,若手速較慢或有多片造型需切割時,可以事先儲存多片冷凍的餅皮交錯使用!

05 注意切割時,雕刻刀要確實拿正,呈現 90 度的姿勢,以免紙模取下後,發現餅皮的邊是呈現斜面的。

06 完成造型切模!

Tips

用切紙模來自訂餅乾形狀的方式雖然可以省下不少訂製模型的時間與成本,相反的也較費工及考驗切割技術。如果有同一片樣式需大量製作,還是建議訂製專屬的餅乾模型,優點是成本已被分攤降低、壓模比手切來的快速、形狀精美又一致,讓工作更有效率的完成。每一個製作方式都存在著本身的優、缺點,所以在面對不同類型的製作需求時,仔細思考並慎選適合的方式製作,才能事半功倍!

糖霜的三個完美狀態

蛋白糖霜配方（一份）

5. 糖粉 /200g

6. 惠爾通蛋白粉 /8g

7. 水 /35g

・生蛋白

生的蛋白新鮮度及大小不一且易含有沙門桿菌，打發的過程中蛋白只要碰到一點點的油、蛋黃或水，就無法順利打發，作業前須確保工具與容器都乾淨無油，才能成功打出好的蛋白糖霜。

需要設備（工具）

1. 電子秤

2. 橡膠刮刀

3. 攪拌工具
   （手拌／手持式攪拌機
   ／桌上型攪拌機）

4. 槳狀攪拌器

Tips

使用工具打出的糖霜穩定性：桌上型攪拌機＞手持式攪拌機＞手動攪拌。

・調和蛋白粉

市售的調和蛋白粉已先經過廠商處理殺菌，還添增了穩定性的原料，也較無生蛋的蛋腥味，適合新手使用，唯一的缺點就是價格較高。

● 與麵團一樣一次使用 2-3 倍基本配方來製作，可以發揮時間最大效益，材料的量也較好操作。打完的糖霜可使用保鮮盒存放，冷藏一週或冷凍三週的時間。

01 　先於鋼盆內加入糖粉。

　　● 目前市售的糖粉大都含有玉米粉，質地已非常細緻，可以省去過
篩的動作。但若糖粉顆粒較大或已受潮，建議還是不要省去過篩的
動作，打出來的糖霜才不會結塊。

02 　再加入蛋白粉。

03 　以橡膠刮刀手動拌勻糖粉及蛋白粉。

04 　加入水。

05 　以橡膠刮刀手動拌勻鋼盆內材料。

06 　來回緩慢攪拌直至糖粉、蛋白粉及水融合成濃稠狀。

　　● 手動拌勻的動作是為了避免攪拌機開啟後，粉類材料因攪拌而噴
灑出來。

07 　裝上槳狀攪拌器。

　　● 與打麵團一樣，使用槳狀攪拌機有助於打出空氣，讓糖可以均勻
攪拌且較快與蛋白粉融合。

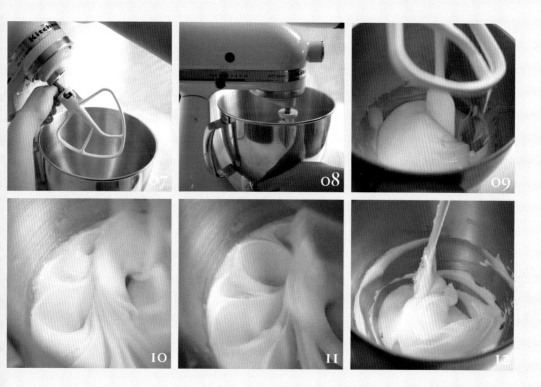

08　以低速稍微攪拌。

09　適時整理沾在鋼盆邊的糖霜以免攪拌不均。

10　以中速攪拌。

11　持續攪拌，糖霜會從鵝黃色濃稠的狀態逐漸變得蓬鬆亮白；
　　可以觀察鋼盆邊糖霜，不再流回鋼盆中心且質地逐漸堅硬，
　　明顯出現紋路後，即可停止攪拌。

　　● 確認糖霜狀態後，不要馬上就關掉攪拌機，以中速調至低速攪拌
　　幾秒後再關掉，這個收尾的動作，用意是要讓空氣緩慢排出，以免
　　糖霜含空氣量太多。

　　● 糖霜若氣孔大，拉線易斷裂，填色時也會有氣泡產出，完成後的
　　成品容易顯得粗糙有瑕疵感。

12　卸除鋼盆，整理攪拌器上及鋼盆邊的糖霜後即完成。

·乾性糖霜判別	·中性糖霜判別	·濕性糖霜判別
以槳狀攪拌器拉起,可以輕易拉出堅硬挺直的尖角。	以槳狀攪拌器拉起,尖頭上的糖霜緩慢呈現微彎但不掉落。	拉起會立即落下(似煉乳的濃稠度)5秒後會灘平,無紋路而充滿光澤。

Tips

● 糖霜的型態變化都以水份的多寡為基準,乾性糖霜加水調製為中性糖霜,中性糖霜加水調製為濕性糖霜。

● 加水調和糖霜狀態時,以滴管一滴一滴加入為妙,避免下手過重。若任何一階段的水不小心加得過多,可以加入新鮮的乾性糖霜來重新攪拌調和。

● 打糖霜時,我們會建議先打到乾性糖霜的階段(約 10-15 分鐘)再依製作需求來調整糖霜濃度,因為乾性糖霜欲調整為其他狀態時,只需加入水調和即可,但若一開始設定打至中性階段,卻突然需要使用乾性糖霜時,就得花時間重新攪拌。

● 欲使用冷藏、冷凍過的糖霜時,建議先回溫至約略室溫的溫度再來調整所需糖霜濃度,以免調完濃度後,糖霜持續凝結使水分增加,會讓需要的糖霜狀態含水量失衡。

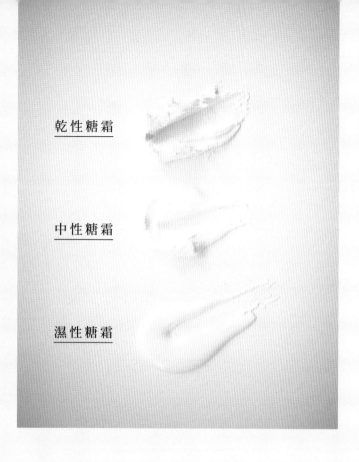

乾性糖霜

中性糖霜

濕性糖霜

糖霜的三個基本狀態比較

	含水量	判別	用途
乾性糖霜	低	堅硬挺拔、易塑形、表面紋路明顯。	擠花、葉片、製造自然乾燥的抹面效果。
中性糖霜	中	放置平面幾秒後尖處會稍微垂下，表面稍有紋理。	一般拉線（邊框）、寫字、黏著使用。
濕性糖霜	高	放置平面幾秒後表面會逐漸平滑且色澤光亮。	區塊平面填色。

Tips

本章節介紹的「糖霜三個狀態」為最基本的三種狀態，也可以細分成硬中性、中性偏濕性、稀糖霜等等，分類越精細，呈現的作品也會更細緻。

糖霜濃度細分使用表

濃（硬）	擠花、葉片、乾燥抹面
↓	寫字、花卉拉線、十字繡拉線、多肉植物擠花、較立體的線條技法使用
中	外框拉線、各項黏著（餅乾、糖珠、糖片、翻糖）
	高澎度效果、浮雕填色
↓	一般填色、拉花
稀（濕）	薄透蕾絲效果

 Tips

● 此表僅供參考使用。各繪製手法沒有絕對的硬度、濕度、軟度準則。

● 糖霜的濃度可以依照自己習慣或可掌握的方式調配，例如有些人手力較小，太乾太硬的糖霜無法掌控，則可依自己力量大小去調整硬度；有些人手速慢，填色填到一半旁邊區塊的表面就快乾了，遇到這種狀況也可將填色用的糖霜濃度調稀一點，放慢表面乾的速度；有些人手溫過高有著一般俗稱的「太陽手」，為避免糖霜經手溫後融化灘掉，此時就可以把糖霜硬度稍微加高。

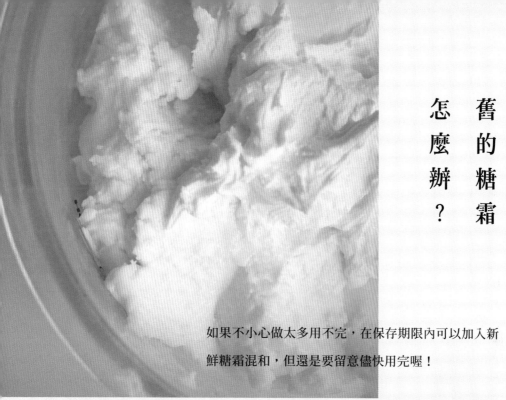

舊
的
糖
霜

怎
麼
辦
？

如果不小心做太多用不完，在保存期限內可以加入新
鮮糖霜混和，但還是要留意儘快用完喔！

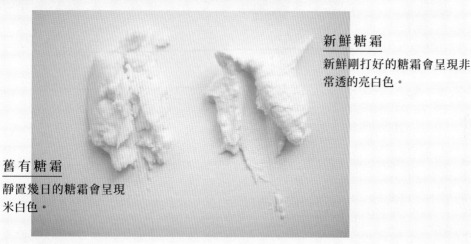

新鮮糖霜
新鮮剛打好的糖霜會呈現非
常透的亮白色。

舊有糖霜
靜置幾日的糖霜會呈現
米白色。

🔑 **Tips**

● 舊有糖霜雖然有密封保存，但還是會隨著時間慢慢消泡，質地也會開始變化，此時有兩種
方法可以解決：

1. 再打一盆新鮮糖霜時，將舊的糖霜摻入一同攪拌，綜合糖霜的新鮮度。

2. 使用舊糖霜作業時，摻入一些新鮮糖霜來攪拌、調和，穩定舊糖霜狀態。

調過色的糖霜產生顏色分離，是壞掉了嗎？

⬤ 已調過色的糖霜靜置一段時間後會有糖水分離的狀態出現（調製的顏色越深會越明顯），不過不用擔心！顏色較深的地方是因為水分沉澱了，讓糖霜表面形成了紋路與色差，不是糖霜壞掉了！

⬤ 烘乾之後原本深色的部分反而會呈現薄透且略透明狀，輕輕觸碰就容易碎裂與凹陷。解決方法：繪製前壓緊擠花袋口，來回擠壓糖霜，使糖霜與水再次均勻融合。

框線決定質感 ─ 正確的拉線方式與練習

外框的描繪很重要！

拉線用的糖霜粗度約在2mm-3mm為最佳，外框太細，會使濕性糖霜容易溢出圖框外，外框太粗，又會讓作品缺少一種精緻感，所以外框拉線的粗度與平整度,首先就決定了70%的成品質感。

線條練習稿

無痕抹布

強力吸水，不會掉毛屑
也不會留下水痕。

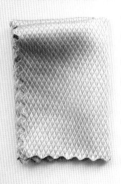

一大包的中性糖霜

透明墊片

一擦就掉，無止盡重複
練習，也可以使用 L 型
資料夾替代。

拉線小重點

正確的拉線方式：

筆尖稍提高，以虎口的力量擠壓，
移動速度與施力要一致，讓糖霜自
然落下，線條就會非常平整、滑潤。

錯誤的拉線方式：

筆尖貼著平面，不好掌握施力與移
動速度，線條會有頓點且粗細不
一。

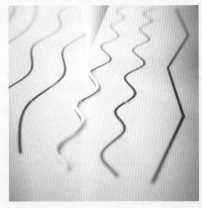

直線NG啦！

線條斷裂：

> 移動太快、施力太輕。

線條蜷曲：

> 移動太慢、施力太重

彎曲的線條：

> 筆尖稍微抬高並運用手腕移動來控
> 制線條方向（☆非筆尖）。

有直角的線條：

> 在每段線頭及線尾輕觸平面（在轉
> 折點收尾）即可繪製出直角的形狀。

右頁可自行印製練習

完美示人的餅乾
這樣串！

×錯誤的串餅方式

很多媽咪在完成收涎儀式後，會回傳照片與我分享活動的喜悅，這也成了我完成作品後，最期待收到的回饋！

點開照片後大多的寶寶仰天咯咯大笑，有的寶寶卻是面紅耳赤、哭天喊地，更有從頭到尾都酣睡如泥，無論現場氣氛有多高漲，都沒他的事的樣子！這些影像常常讓我在手機螢幕前看得哭笑不得～但無論哪種表情，都非常有紀念價值，卻也發現一個小遺憾——大多數照片裡的餅乾都是堆疊在一起的，沒有應有的華麗圖案、也看不見寶寶名字，稍稍白費了特製餅乾的寓意，實在覺得可惜！

直接將線穿進餅乾洞裡最後再拉起來，是最常見但錯誤的串餅方式，除了餅乾全部擠在一起看不到圖案外，拉起的瞬間還可能因為餅乾彼此撞擊而讓圖案受損！以下介紹正確的串餅方式，讓充滿心意的餅乾能以最漂亮的角度呈現！

○ 正確的串餅方式

單洞串法 *Step*

01 鎖定好餅乾要在紅線的位置，將紅線由後往前穿入餅乾上的洞。

02 將紅線前後交叉。

03 穿越中間的縫隙，做打結的動作。

04 拉緊線條後完成單孔穿洞！

○ 正確的串餅方式

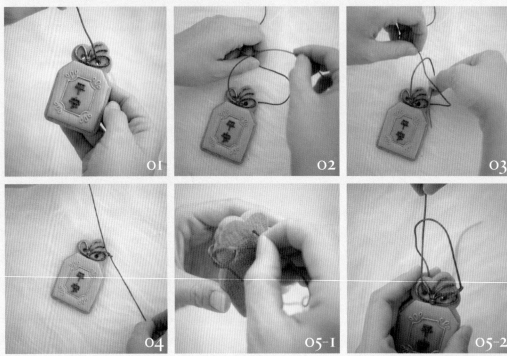

01　鎖定好餅乾要在紅線的位置，將紅線由後往前穿入餅乾上
　　的洞。

02　將紅線前後交叉。

03　穿越中間的縫隙，做打結的動作。

04　拉緊線條後完成單孔穿洞！

05　從餅乾後方穿入第二孔。05-2 為側面視角。

06　紅線從後方穿入後，再往回繞過餅乾上方的空隙穿進。

07　08　正面　09-1

07　將紅線拉到底，但不要拉緊，再將線穿入前後交叉之間形
　　成的空隙中。

08　拉緊紅線，完成雙孔打結！

09　最後整理正面及背面的線條，盡量將紅線及結點調整至餅
　　乾後方，除了不影響正面造型外更顯整體整齊俐落！

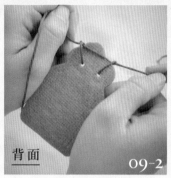

背面　09-2

　　● 我們介紹的串餅方法雖然可以固定餅乾的位置，不會讓餅乾在
使用過程中任意移動，但如果餅乾間的距離沒有拿捏好，要調整
任何一塊餅乾的位置就必須把所有的結拆開，也是一個非常麻煩
且浩大的工程，所以建議在串餅前就先算好餅乾的距離，也可以
使用工具在紅線上做記號，以免增加事後調整的時間！

依照上述方法串起來，餅乾等距
且不會滑動外還可以隨時都是正
面的角度，這樣餅乾們在收涎派
對上就可以完美示人了！

第 四 章

「色 彩」
是 心 情，是 語 言──
用 喜 歡 的 顏 色 來 描 繪
你 的 故 事 你 的 畫

色彩是視覺呈現最基本的元素，我們接收到一件作品的第一印象，在那一瞬間就決定了整組作品質感的生死，而配色是指搭配色彩的過程，目的是取得視覺上的平衡，提升整體質感或創造主題色系。

色系能夠營造出各種不同的效果和氛圍來影響我們的感知，例如暖色調能讓我們感到溫暖與安定，冷色調則令人感到寬廣而放鬆。色彩同時也是一個溝通傳達的媒介，運用色彩理論和配色技巧，設計師可以創造出獨特且有張力的視覺效果，來達成作品想要傳達的理念或意境。許多品牌也運用色彩來建立其識別和形象，某些顏色甚至還成了品牌代表色，例如星巴克綠、蒂芙尼藍、愛馬仕橘或是藍黃配色的ＩＫＥＡ商標。

　　總而言之，色彩不僅是視覺呈現的一部分，它在設計、傳達、情感抒發以及品牌創立都有著至關重要的影響力，在這一章節，我們會解析六個近期最受歡迎的色系與異材質金屬的搭配，讓我們的作品質感 UP UP！

霧系色系

著重於白、灰色的使用，如同表面飄著一層雲霧的氛圍。

復古色系

著重於黃或紅的使用，色彩鮮明、富有懷舊感的浪漫風格。

莫蘭迪色系

著重於灰、咖啡色的使用，呈現飽和度低且穩重的視覺效果。

這幾個色系都是透過加入其他顏色來降低原本顏色的亮度，更顯質感、可提升耐看度。在接訂單時，常有客人跟我說，我想要莫蘭迪色！什麼是莫蘭迪色呢？這問題讓我一頭霧水。所謂的「莫蘭迪」是一種色系的統稱，而色系為一個組合的整體配色，所以「莫蘭迪色系」不是一個顏色就能呈現的，即使是同一個顏色，不同的配色組合也會產生不同的色彩氛圍。

以下分享幾個常見的範例：

霧系、復古、
莫蘭迪，
輕鬆使用降色呈現

色膏、色粉、蔬果粉、珠光粉的 特色與優缺點

常見的色素分有色膏、色粉、蔬果粉、珠光粉等，不同種材料有各自的特色與優缺點，同種材料於不同品牌也有些許的差別，可以根據自己的作品需求來選擇適合自己的材料。

1 色膏

品牌多、顯色力強、價格親民，質地濃稠，一點點就可以達到所需的染色效果，不會影響糖霜濃度，是最普遍且好上手使用的染色原料。

1-1 Wilton 惠爾通色膏

1-2 Rainbow dust 色膏

1-3 Americolor 色膏

2 色粉

化學製成的粉狀色素，顯色效果較色膏差，容易吸取糖霜水份使糖霜變乾，優點是不會染到處都是、效果溫和、好覆蓋，所以較常用於烘乾後的糖霜表面使用，如：塗鴉繪製、加強區塊深淺度或乾刷腮紅。

3 蔬果粉（天然色素）

以植物或天然蔬果製成的色粉，所含化學成分較少，缺點則是價格高、選擇性少且顯色效果有限，很少用在糖霜餅乾中。

4 珠光粉

帶有金屬光澤的色粉，因價格昂貴，一般都於最後刷上使用，效果顯著，充滿質感與貴氣。可參見介紹金屬色的章節。

常用色膏品牌

Wilton 惠爾通

☆美國品牌

優點：色號齊全、價格親民。

缺點：螢光感重、必須使用牙籤沾取、黑色偏紫。

Rainbow dust

☆英國品牌

優點：顏色柔和、顯色、牙膏狀包裝設計不需使用牙籤。

缺點：瓶口設計不良容易漏出、價格較貴。

Americolor

☆美國品牌

優點：有許多特殊色、藥水罐設計不需使用牙籤。

缺點：較不易取得、瓶口容易堵住。

來
學
調
色
吧
！

色膏調色 *Step*

01   02

01　使用牙籤沾取色膏，色膏因濃度高，一次只需要沾取一點點，
　　濃度不夠再依次增加。

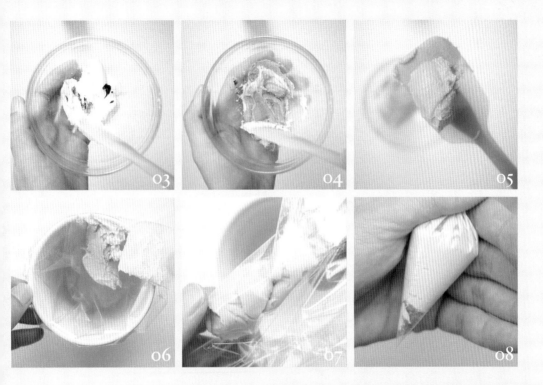

02　牙籤使用過一次後就不要再重複沾取色膏，以免色膏碰到糖
　　霜後變質，整罐就浪費了，建議可以使用塑膠製成的牙籤，
　　清洗過後還可以重複使用，這樣就不用擔心浪費嘍。

03　調色時輕輕攪拌，來回動作扎實，勿拌入太多空氣，會造成
　　糖霜孔洞多，表面不平整，拉線也易斷裂。

04　均勻攪拌，檢查是否有結塊的糖霜或未拌勻的色膏。

05　完成調色！

　　● 色膏有各種顏色可以選擇，但如果瓶身是淺色系，不管加入多少
　　量的色膏最多也只會調製瓶身顯示的顏色，不會因為加了很多色膏
　　而讓顏色變深！

06　使用透明三明治袋來打包糖霜。

07　將糖霜往尖口移動。

08　擠出空氣。

 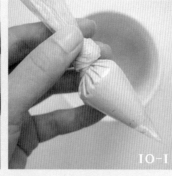 

09 將三明治袋打結，讓糖霜不會因擠壓而移動。

10 打包完成！

　　● 打包完成的三明治袋上方會有一節多餘的塑膠袋，確認打的結夠
　　緊後，我會習慣把它剪掉，讓糖霜在手上繪製時更好操作，也不會
　　干擾視線。

黑金竹碳粉調色 *Step*

 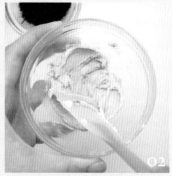 

01 因竹炭粉（或蔬果粉）質地輕盈，容易紛飛，調色時要輕輕、
　　分次沾取，以免灑得全身都是。

02 均勻攪拌直到看不見白色糖霜，再依需求增加竹炭粉。

03 少量多次來回動作，以免一次下手太重。

04 一定要攪拌均勻後再判斷是否還要增加竹炭粉。

05 黑色糖霜調製完成。

　　◉ 使用竹碳粉調色的糖霜會隨時間漸漸變深，如果需要使用正黑色，建議把糖霜調至深灰色後即可裝袋，以免竹炭粉加的太多，以致糖霜使用起來太乾不好操作。

05-2（右上方）使用竹炭粉調至深灰色的糖霜。
　　　（左下方）靜置一段時間後會呈現非常美的亮黑色。

🔑 Tips 黑色竹炭粉與黑色色膏的比較

（上方）使用竹炭粉調製的黑色，糖霜狀態較乾、稍有顆粒感，優點是少量竹炭粉就很顯色且顏色不易暈開。

（下方）使用Wilton色膏調製的黑色，需加入很多色膏才能調成正黑色，以致糖霜吃起來會有濃濃的化學味道，易與淺色糖霜染色且呈現微藍紫的黑色。

甜時調色盤

	玫瑰色	正紅色	咖啡色	淺粉色	灰色	藍綠色
原始色						
＋黃色						
＋咖啡色						
＋黑色						
＋白色						
＋黃＋白						
＋咖＋白						
＋黑＋白						

天空藍　　　　皇家藍　　　　紫羅蘭

Q 色膏的選擇及顏色有千千萬萬種，買也買不完！只用一次的顏色，卻要買一整罐？甜時作品的顏色好特別！怎麼調出來的？

A 正確使用降色技巧，就算只擁有幾罐色膏，還是能有無限變化！

🗝 Tips

依據上表的色彩分析可見，即使有幾種重複的顏色，但在不同色彩的搭配下，營造出來的氛圍是否完全不一樣呢？

記得下次別再說「我要莫蘭迪色」嘍！清楚表達色系名稱或配色組合，得到的成品更能符合自己的心理期待哦！

金 屬 色

金屬色呈現的光澤像是一個色調的立體色階，那光影的明暗反射視覺效果實在令人著迷，金色如同太陽般耀眼，夕陽灑在海洋上的波光粼粼、純金的閃耀光澤，都有著金碧輝煌、貴氣的意象，銀色是黑白灰間的亮度變化，充斥著太空、科技、空間等的未來科幻感，銀色自帶的清冷甚至可以呈現現代的時尚美學，色調極簡只有黑白灰三個顏色之間的深淺變化，展現極度低調卻能讓人一眼就注視的神秘吸引力。若將我們的糖霜作品，適時加入一點異材質的金屬光設計，就可以讓整組作品達到點石成金的效果！

刷珠光粉時不是用水，而是使用透明烈酒來攪拌，因為糖霜遇水會化開，造成表面侵蝕甚至瓦解，苦心製作的成品會瞬間被破壞。使用高濃度酒精，在珠光粉刷上糖霜時，酒精就會立即揮發，因此糖霜表面不會受到任何影響，還會閃到發光。

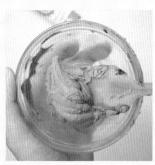

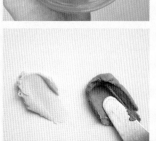

🔑 Tips

爲什麼要打底？

打底就是刷珠光粉的地方，先製作大概相同的底色，如要
刷金粉，我們會先製作焦糖色打底的糖霜，如要刷銀粉，
我們則會製作灰色打底的糖霜；除了可以讓珠光粉更顯色
外，還可以避免刷色技巧不純熟，而露出原始白色部分的
糖霜，更重要的是可以無痕跡的幫作品做記號，告訴自己
焦糖色的區塊需要刷上金漆、灰色的部分則要刷上銀漆。

金屬色的呈現技巧
與秘訣

珠光粉本身價格太高，一般來說我
們不會直接加入糖霜做調色使用，
而是放在作品完成前最後的步驟來
「用刷的上色」。

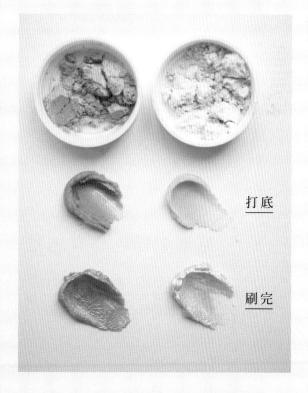

打底

刷完

金色珠光粉刷在以焦糖色打底的糖霜上。　　銀色珠光粉刷在以銀色打底的糖霜上。

● 不同色珠光粉建議使用不同枝筆刷，以
免刷出來的顏色顯得不金也不銀。

原來金屬色也有色階

呈上篇的示範，刷珠光粉前做打底的動作可以讓金屬色更顯色，那
麼讓我們調整一下底色的深淺、顏色變化，就可以做出不同金屬的
色階效果。

金屬調色盤

糖霜底色			使用的 珠光粉顏色	呈現 金屬名稱
白色			銀粉	珍珠光
淺灰色			銀粉	銀
深灰色			銀粉	鈦金屬
焦糖色			銀粉＋金粉	香檳金
焦糖色			金粉	金
乾燥玫瑰色			金粉	玫瑰金
焦糖色			古銅粉	古銅金

夏日的入場卷——
多巴胺色系

這一年紅遍大街小巷的一詞「多巴胺色系」席捲了周遭無論是時尚界、室內裝修、藝術創作甚至是蛋糕甜點，到底甚麼是多巴胺呢？又有甚麼奇特的魅力可以造成轟動？

多巴胺爲腦中的一種神經傳導物質，用來傳遞正向、愉悅的情緒所以被稱爲一種「快樂激素」，當我們在血拼、大快朵頤、運動、於工作中獲得成就時，就會分泌多巴胺來「犒賞」自己，讓我們感到幸福與快樂！

「多巴胺色系」一詞，來自美國時尚心理學家Dawnn Karen的理念：穿著色彩鮮明的衣物，透過眼睛所見來幫助刺激大腦分泌多巴胺，進而提升心情和自信，就好比看見彩虹時，美好的色彩會使我們感受到幸福，我們可以將這個信念，延伸到收涎餅乾上，使用這些明亮的顏色，讓寶寶於四個月的收涎派對，透過色彩的影響來達到闔家歡樂與滿足的氛圍～

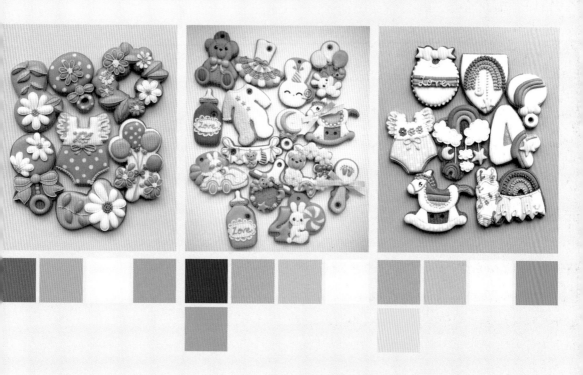

秋日的

美拉德濾鏡

如果說春夏的流行指標是多巴胺色系，那麼以黑馬之姿悄悄在秋冬竄出頭的流行趨勢，非「美拉德」莫屬了！「美拉德」這個詞源自於烹飪的專有名詞，「美拉德反應」（Maillard Reaction）指的是食物在加熱過程中產生的一切化學變化。經過美拉德反應後，食物的顏色會變深，就像裹上一層焦糖一樣，透出誘人的香氣。

假設，將麵包的小麥色與深一階的卡其色放在一起，這兩個顏色的組合彷彿能讓人產生視覺聯想甚至透過感官刺激進而聞到烘烤麵包的香味，如果再加上可可色，那不就像正在享用一塊可可捲一樣嗎？

「美拉德色系」就是以此概念為靈感而設計出的色調，把食物烹飪過程中的色澤變化比擬成不同層次的大地色系，所以不僅僅是棕色，抹茶色、可可色、焦糖色、磚紅色、蛋黃色、米白色、杏色等，一切大自然的烘焙色調，都屬於美拉德色系！

英式
靈魂復古配色

英倫復古色調是一種看似低調卻又能顯出高貴的配色風格，跟英國傳統文化風格有著很大的關係，底片相機、膠片、搖滾音樂、摩托車、甚至居家裝飾風格都有濃烈的復古色彩，以時尚界來舉例，早期的英倫用色以棕色、米色、卡其、黑色為主，尤其是棕色系的格紋學院風，更是成為某精品品牌的代表，顯現優雅與沉穩的視覺印象，在經過哈利波特的風潮後，帶起了沉穩的黑底與四大色系的撞色搭配，富有活力與朝氣的色彩席捲一陣年輕化的潮流，讓學院風色彩不再那麼單一化。

英倫風在用色上使用了大量的土壤、大地色調來調和整體色彩並注重冷暖色調的碰撞，如暗紅、咖棕、苔癬綠、土耳其藍、赭黃，這些色彩濃烈卻不刺眼，相互搭配更是低調又亮眼，運用在學院風上帶給人的感覺既是沉穩又活潑，如同學生生活一樣多種面貌且多彩多姿。

第 五 章
讓 質 感 瞬 間 高 級 的 小 秘 訣

　　為什麼市面上的糖霜餅乾價格差距這麼大?答案就藏在細節中!越精緻的餅乾越需要花更多心思、時間、工具、材料去製作,舉例來說:一隻泰迪熊,我們可以只畫單色,點上眼睛、鼻子就完成;我們也可以細畫上深淺陰影,在小熊上製作絨毛紋路,繪上針織縫線,甚至綁上蝴蝶結,再刷上金蔥珠光粉,那麼同樣一隻小熊的圖案,兩種不同製法擺在眼前,質感與價值不言而喻!

　　不斷練習及累積經驗在學習任何技能和活動中都是非常重要的,當然也包含了製作糖霜餅乾,在這個章節會精選12個讓餅乾感覺更高級的技法,一步一步的詳述講解,隨著技巧提升和經驗的累積,做出高質感的糖霜餅乾絕對輕而易舉!而你也會慢慢享受創作的過程且從中得到滿滿的成就感。

❧ 花漾圖騰

指各種花朵的形狀。製作花漾圖騰時,需在濕性糖霜上勾勒圖案。太稠的糖霜(或繪製速度較慢)在勾勒時容易產生移動的痕跡,使完成後的糖霜表面不平整,太稀的糖霜又容易暈開,造成圖案有毛邊、顏色混濁的狀況,糖霜表面也易出現破洞!花漾圖騰的繪製並非困難,但要達到完美的效果也不容易,建議可以使用不同程度的濕性糖霜自行測驗幾次,並搭配個人的繪製手速來選擇適合自己的糖霜濃稠度。

愛心

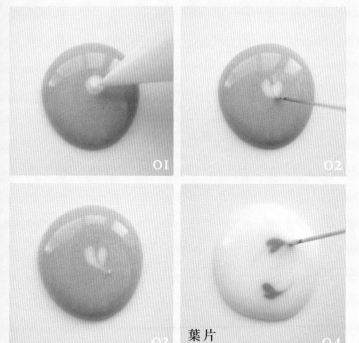

O1

O2

O3

葉片

O4

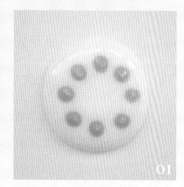

O1

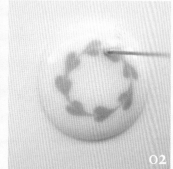

O2

O1 使用濕性糖霜在濕性糖霜（簡稱濕加濕）上點一圓形。

O2 使用針筆從圓形上方穿過中心往圓形下方移動。

　　● 針筆只需在最表面移動即可，若插入太深反而會造成移動距離拉大，使圖案變形。使用工具在紅線上做記號，以免增加事後調整的時間！

O3 愛心完成！

O4 與愛心的繪製手法相同並拉長尾巴的拖移。

O1 等距點出幾個小圓形，小圓形之間要留一點空隙，以免拖曳時圖案結成一團。

O2 使用針筆順著每一個小圓形的中心來繞一圈，花圈就完成嘍！

特殊形圖騰：花邊

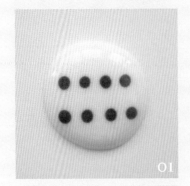

01

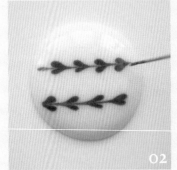

02

五瓣蘋果花

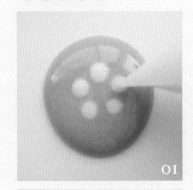

01

02

01　等距點出小圓形。

02　使用針筆向左或向右平移！

01　點出五個小圓形。

02　針筆從圓點中心往花朵中心移動。

雙色蘋果花

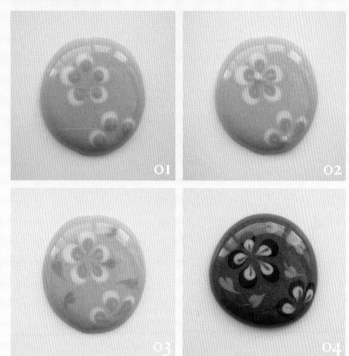

01 先點出五個底層小圓形,再點出第二層小圓形。

　　● 第二層的圓形要比第二層小一些並留有一點邊,勾勒完的花瓣才
　　會有層次效果。

02 針筆從圓點中心往花芯移動。

03 勾勒出綠葉,增加圖騰豐富度!

04 ● 使用的顏色越跳,花卉效果會越明顯。

復古玫瑰

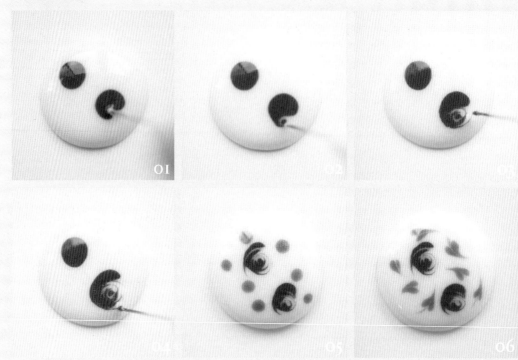

01 為針筆進始點。（下為示意圖）

02 依照箭頭方向先繞出一個花芯形狀。

03 接續箭頭方向繞出花瓣紋路。

04 針筆移出表面後再插入2與3位置勾出最外圍花瓣。

05 周圍點上綠色圓點製作葉片。

06 完成復古玫瑰繪製！

花漾圖騰應用

玫瑰與蘋果花

初春花漾

客家花布

橙色玫瑰

前置作業及工具

1. 食用色素筆

2. 食用鉛筆

3. 需要繪上文字的餅乾

   ● 轉印前確認糖霜已是全乾的狀態，以免在轉印過程中，不小心施力過重而造成糖霜表面破裂。

4. 要轉印的字體

   ● 實體列印或使用電子產品螢幕顯示皆可。

5. 吸油面紙

   ● 市面上吸油面紙的選擇很多，以購買最傳統、無其他功效或添加物的款式為主。

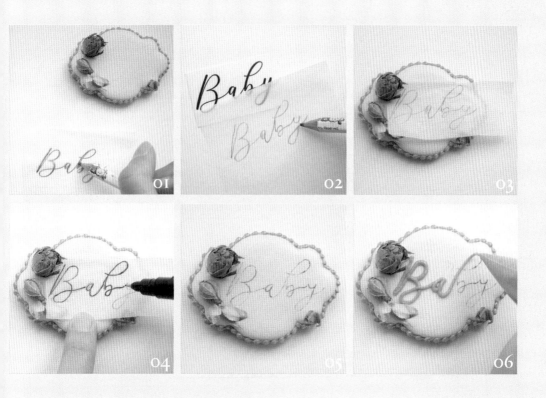

01 將要轉印的字體墊在吸油面紙下，以食用鉛筆描繪字體筆畫。

02 檢查吸油面紙上有無描繪不完全及需調整、補足的地方。

03 將吸油面紙放置需轉印的位置上。

04 使用色素筆照著鉛筆筆跡描繪上去。

05 檢查是否轉印完全。

06 照著色素筆筆跡，使用中性糖霜描繪出字體筆畫就完成嘍！

完成後刷上金光粉，
餅乾看起來就會更有質感了呢！

A B C D

E F G H I J

K L M N O

P Q R S T

U V W X Y Z

字體轉印範例

蕾絲──
蕾絲勾線、
透光紗蕾絲

蕾絲為16世紀歐洲國家皇室貴族所使用的絲織品，它的花紋多為編織與鏤空相互交錯組成，線條繁雜卻高雅不俗，可以視為一種浪漫的紡織藝術。蕾絲另一個迷人之處就在於縱使只有單色，還是可以呈現繁複與精緻的裝飾效果，且不同顏色各有不同的氛圍，例如純白顯得恬靜優雅、深色則是神祕性感。

只要簡單的色塊加上蕾絲曲線，瞬間就能讓糖霜餅乾充滿浪漫的氛圍。蕾絲也常與花磚搭配，設計出來的成品非常適合運用婚禮餅乾上，好好利用蕾絲技術來妝點糖霜餅乾，就會如錦上添花一樣，讓作品質感加分再加分！

蕾絲勾線

蕾絲勾線為一種線段或緞帶的風格展現。線與線之間相互交錯、打結、纏繞，搭配優柔的曲線與花草圖騰妝點，通常運用於接縫與花邊裝飾。

下頁可自行印製練習

透光紗蕾絲

同樣是蕾絲效果，透光紗蕾絲與蕾絲
勾線的差別在於，透光紗蕾絲是以鏤
空花紋及局部薄紗爲主的技法呈現，
通常運用於區塊面積。

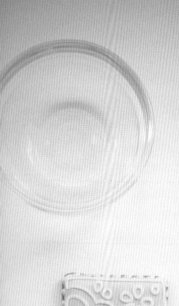

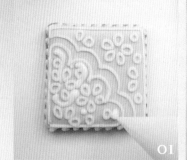

01

02

03-1

03-2

04

透光紗蕾絲繪製步驟

準備好打底完的餅乾、水、筆刷。

01　要製作薄紗區塊的地方，擠上少許的濕性糖霜。

02　筆刷沾水後輕輕將糖霜稀釋化開。

03-1　每個區域都要覆蓋稀釋過的糖霜。

03-2　覆蓋完的樣子！

　　　● 留意糖霜濃度是否均勻，以免烘乾後某區塊特別稀薄以致
　　　表面龜裂不平整。

04　烘乾後框出原本打底的花樣外框來增加成品立體感，最
　　後可依作品需求局部刷上珠光粉就完成嘍！

製作絨毛感非常簡單，只需要運用一種工具——「筆刷」就可
以提升作品精緻度，使糖霜餅乾成品更接近實品（實體），也
可以讓針織衣物更可愛。

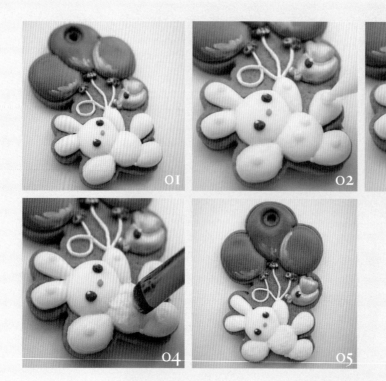

01　確認糖霜表面及內部都是全乾的狀態。

02　擠上適量的濕性糖霜在欲增加絨毛感的部位。

03　使用水彩筆以輕輕按壓的方式,來製作表面凹凸感。

04　若需要更明顯的紋路,可以等糖霜微乾後再加量,重複相同
　　動作。

　　◉ 製作絨毛效果時建議少量多次的增加糖霜,以免糖霜太多太濕,
　　按壓不出紋路。也可以視圖案需求製作短毛及長毛的效果,只要控
　　制好糖霜量,小小的手法也有多種不同的材質產出。

05　完成!

絨毛技巧應用

除了動物外，也非常適合運用在衣物及土石質地上，可堆疊多層一點嘗試不同效果。

星球

喵星人

絨毛包屁衣

毛小孩

漸層效果——星球銀河

星空的繪製重點在於流暢的光暈線條以及自然的光影變化，再運用敲打技巧灑下珠光粉來點綴，讓星光密密麻麻，像是無數個寶石鑲在深藍色的夜幕上，光彩奪目、奇幻無比。

墨藍色　　　　　水藍色

主色：深藍色

調完星球的主色後，帶入少許一淺一深的
相近色增加漸層效果。例如：以深藍色為
主，混合一些墨藍色與水藍色。

包裝完的糖霜，要有清晰的顏色區隔，勿
讓色塊融為一體。

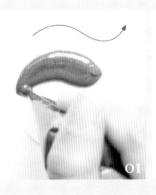

01　以水波流的方式擠出糖霜。

02　使用同方向、同流線的方式擠出糖霜，依序完成整顆星球的
　　填色。

03　使用針筆處理局部不平整之處，切記勿破壞水流的紋路。

→

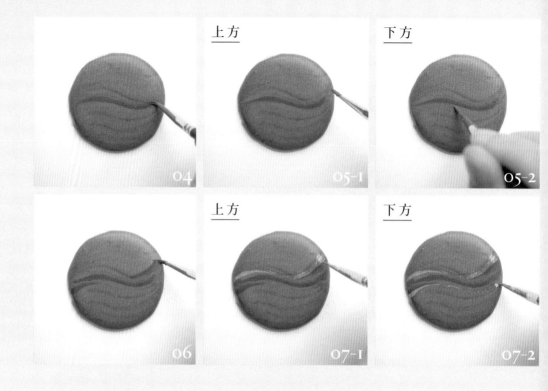

04 待糖霜表面全乾後，使用色膏畫出跳色的水波紋光暈。

05 使用深與淺的相近色在光暈上下方做色彩的暈染。

06 多次的深淺描繪增加漸層。

07 完成跳色光暈的繪製後，在光暈邊緣加上珠光粉。

08 局部加重珠光粉的量來增加反光立體度。

09-1 沾取少許金色珠光粉，使用另一枝筆刷敲打筆身，讓筆尖
的金色珠光粉灑下。

09-2 灑上金色小點的星球！

10-1 沾取較多的銀色珠光粉，一樣敲擊筆身方式來製作大顆的
星星。

　　● 製作銀河效果時非直接沾取珠光粉末來做敲打，需先添加酒精
讓珠光粉形成液體狀，這樣沾多與沾少來做敲打才會製作出不同
大小的星星。

10-2 完成了一顆在宇宙的星球！

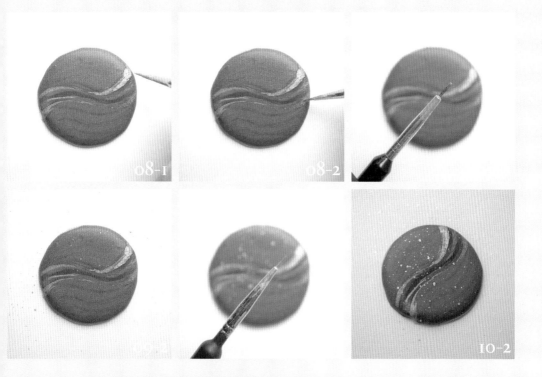

除了星球本體的繪製外，也可以製作成太
空銀河的主題餅乾！

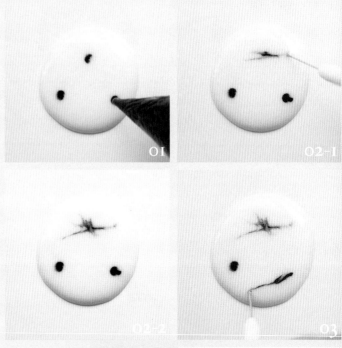

自
然
之
美

白
晶
大
理
石

潔淨高雅的視覺印象是大理石紋路最大的特色，使用濕性
糖霜＋濕性糖霜模擬石紋的技法，勾勒出不規則且深淺不
一的線條。

01　在底層糖霜未乾前擠入數個黑色小點（濕性糖霜＋濕性糖
　　霜）。

02　使用針筆以黑點爲中心，在黑點表面左右拉伸移動，勾勒
　　出石頭紋路。

　　● 可以留局部黑色部位，製作石頭紋路的深淺效果。

03　拉伸第二顆黑點的紋路。

04　增加不同方向的拉伸，也可以稍微作不規則、抖動的線條，
　　紋路看起來會較爲自然。

05 拉伸過程中多加留意製造紋路的深淺變化。

06 第三顆黑點的拉伸。完成的大理石表面！

　● 製作大理石表面時，是使用濕性糖霜加濕性糖霜的方式，要注意
在底層糖霜表面風乾前勾勒完畢，以免耗時太久而造成糖霜表面崎
嶇不平！

07 待糖霜表面全乾後，可以在深色部位妝點些許珠光粉，製作
石頭裡的金屬礦石，提升整體的自然度與高貴感。

大理石與珠光寶石的搭配，端莊華麗、雍容
華貴！

中國風雕花

如果說花漾圖騰在視覺上可以增加整體豐富度，那麼中國風雕花就是提升作品立體感的重要手法，若要製作一組精緻的中國風餅乾，花漾圖騰及中國風雕花的搭配絕對是設計的核心。

01　擠出約綠豆大小的糖霜。

02　於糖霜中心輕輕施力下壓到尾端加重施力拖曳。

◉ 下壓的力道如溜滑梯一樣，先輕加重至尾，讓糖霜呈現一個雨滴狀。

03　以拖曳方向為中心，繪製多片花瓣結成花朵。

04　第一層雕花花瓣完成！

05　以相同方式繪製第二層花瓣。

06　第二層花瓣完成。

07　最後黏上糖珠當花芯。

08　葉片的繪製方式跟花朵一樣，只需改變中心與拖曳方向即可。

09　補上葉柄就完成嘍！

中國風雕花應用

圍兜

平安符

中國風雕花與花樣圖騰相互搭配。

龍身上的鱗片也可以使用相同方式呈現哦～

應用在西式花卉上顯得典雅高貴。

「每條大街小巷～每個人的嘴裡～見面第一句話～就是恭喜恭喜」糖片是指將糖霜擠在墊片上做造型乾了後可取下的東西,可黏於糖霜餅乾上使畫面更加立體豐富,這裡以中國結為主題,將餅乾繫上中國結來傳遞祝福,最有年節氛圍的中國風餅乾跟我這樣做!

中國結糖片製作

01

01 將透明墊片放置中國結稿圖上描繪。

● 使用透明墊片在描繪時稿圖較清楚好上手,若材料不好取得的話也可以使用烘焙紙或饅頭紙替代哦～

02 使用針筆稍微整理，讓結身線條更整齊。

03 等待糖片全乾，取下結身。

　　● 全乾的糖片雖然已非常容易取下，但因中國結身線條精細，常常在取下時東缺一角西缺一角，繪製糖片前可以在透明墊片上抹一點沙拉油，會使糖片更容易移動，降低耗損。

可以練習不同款式的中國結造型，熟悉中國結製法後不一定要製作成糖片，如果有信心能夠一次畫出美麗中國結身，也可以試著直接在餅乾上繪製哦～

01 固定好結身。

　　◉ 此教學於平面示範，中國結身因線條精細所以較脆弱，得多加小心且仔細固定於餅乾上，留意黏著有無確實，避免一碰撞就斷裂。

02 結身上方堆疊兩條倒水滴型線條製作吊繩。

03 結身下方堆疊數條微彎曲線來製作流蘇。

04 結身上下接合處黏上金色糖珠。

05 糖珠下方繪製三條橫線製作尾結。

中國結糖片應用

黏至餅乾上面時要注意黏著的面是否平整，否則糖片可能會歪斜或容易碎裂。

圍兜

福袋綁飾

名牌掛飾

要增加糖霜餅乾的精緻度，除了做出立體度外，模擬材質
也是一種方式，在不使用模具的狀態下，耐心的一條一條
編織出藤編竹籃，更是一個練功的好機會！

● 一般拉線的線條粗度約為 0.1
公分，藤編所需的拉線粗度約為
0.15~0.2 公分，這個粗度會使藤編
的紋理明顯，線條平整度也較高。

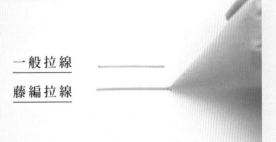

一般拉線

藤編拉線

拉線練習

藤編拉線口訣：橫→直→橫→直……

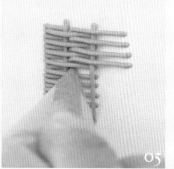

01　拉出數條等長、間隔等距的橫線。

02　橫線尾端以直線蓋上。

　　● 一般常犯的錯誤是將直線直接接在橫線尾端，這樣接點容易崎嶇
　　不平，線條也缺乏層次的效果。將直線蓋在橫線上不但可以遮蓋長
　　度不一的橫線，最重要是可以增加藤編的立體感！

03　從第一段橫線間的縫隙拉出等長、等距的第二段橫線（覆蓋
　　過直線）。

04　依據相同方式蓋過橫線尾端。

05　再從第二段橫線間的空隙拉出等長、等距的第三段橫線後依
　　相同方式編織至完成。

實體繪製

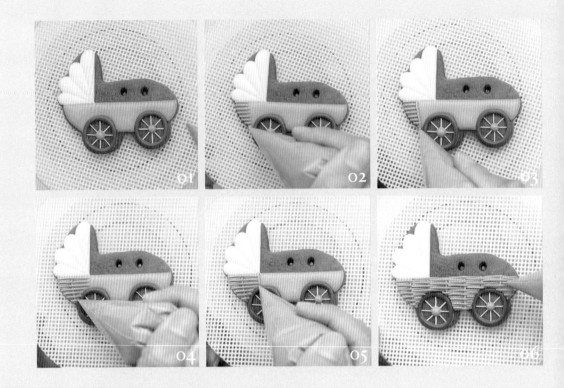

01 　●需要繪製編織的地方，可以先上一層與編織線條相同的底色，
　　以免編織的縫隙太大，露出底部的空洞感。

02 　●底層（需編織）的形狀不一定工整，每條橫線的起始位置也許
　　不相同，但結尾一定要斷在同一直線上。

03 　直線覆蓋在橫線尾端上方。

04 　接續第二段橫線的繪製。

05 　直線也可能依造型所需產生不同長度，最重要的是要拉直且
　　覆蓋於橫線上。

06 　依據橫→直→橫→直的口訣直至編織完畢！

藤編技巧應用

熱氣球竹籃

馬布設計

01

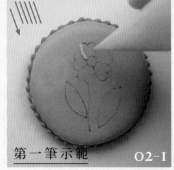

第一筆示範　02-1

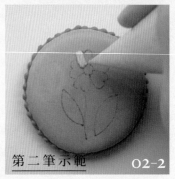

第二筆示範　02-2

花卉拉線刺繡

刺繡是指一種以布料為畫布，將織線在布上繡出彩色花卉的傳統手工藝技術，成品典雅又富有民族氣息，至今仍深受女性的喜愛。將這特殊的工藝技術呈現在糖霜作品上，雖然看起來複雜，但只要掌握「把糖霜拉線當成是針線的線段」為原則，就能輕鬆繪製出獨特而美麗的圖騰。

01 以轉印的方式，將想繪製的圖案印在糖霜上做底稿。

02 以同方向的線段去蓋住花瓣的範圍。

03 直到蓋滿整片花瓣。

04 每片花瓣的線段都要同方向，線段稍作堆疊可以增加立體感。

05 完成五片的花瓣繪製。

06 花芯也照著同方向的線段來完成。

07 花莖的部分也採用線段方式串接完成。

08 畫一條線段將葉片分兩半。

09 單邊的葉片一樣依同方向的線段來繪製。

10 完成另一邊及另一片的葉片葉脈紋路。

11 完成！

十字繡圖騰

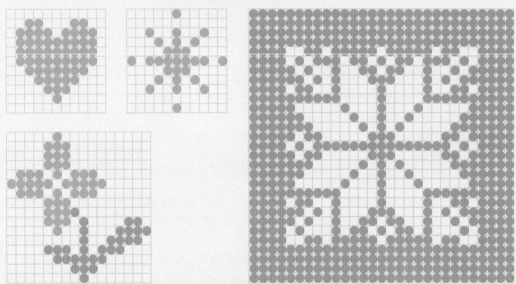

十字繡技法的稿圖設計十分重要，可以呈現完整圖案、連續性圖騰、文字、數字等，十字繡圖案的可朔性非常廣泛也充滿趣味，拿張紙出來，動手設計讓人眼睛為之一亮的作品吧！

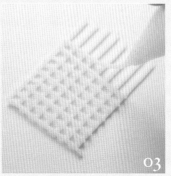

O1 「線段夠直」是讓此圖騰繪製成功最簡單也最重要的關鍵。

O2 適當的線條粗度、間距、以及一致的線段長度,都是練習的重點!

● 別讓線條畫到一半就斷裂嘍!多餘的連接點也會讓作品看起來有雜亂的感覺。

O3 扎穩根基,網格越是整齊,成品就越精緻,別怕浪費原料,要練習再練習!

O1 照著自己的稿圖,在網格點上圓點做排列。

● 要仔細對照稿圖再點上圓點呦,點錯後會有修改痕跡,還可能造成線條的斷裂與移位,非常容易前功盡棄啊!

O2 完成圖形排列後,空白處點上與線條相同顏色的圓點,十字繡圖騰就完成嘍!

● 十字繡的繪製方式可以製作成糖片或是直接在餅乾上進行。

製作成糖片

優點：因繪製時處於平整的平面，線條的狀態較好拿捏與控制，
圖案相對整齊。

缺點：黏貼在餅乾上時，黏貼面最好是平面，以免接合處不吻合，
接縫也會較爲不自然，需另外收邊。

直接繪製在餅乾上

優點：網格可以佈滿在有弧度的地方，邊界部分的呈現也較自然。

缺點：拉線時需配合餅乾底的形狀，可能讓線條間距、網格大小
不一。

十字繡圖騰技巧應用

擠花基本工具

1. 花丁

2. 花座

   擠花擠到一半若有其他狀況需立即處理時，可將花丁插入
   花座，以免直接放於桌面使製作到一半的花朵變形。

3. 參考線底紙

   可以依自己需求選擇不同花形、花瓣用的參考底紙。

4. 饅頭紙

   也可以使用烘焙紙。

5. 萬用黏土

   置於花丁上，用來固定饅頭紙。

花嘴的形狀是影響花型最主要的因素，不同類別
的花由不同型號的花嘴來製作，本書介紹的兩種
基本花型蘋果花、玫瑰花，皆是使用１０１號花
嘴，若想擠出較小朵的花，也可以使用１０１Ｓ
的花嘴來擠花。

擠花——蘋果花

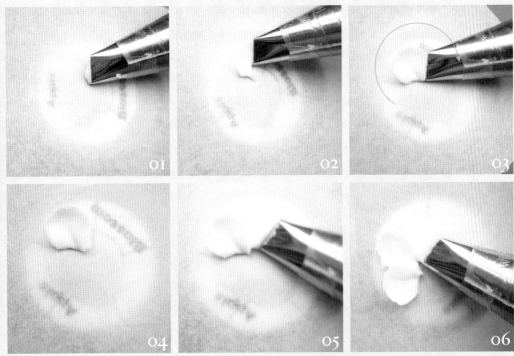

01 花嘴的方向下寬上窄。

02 擠出糖霜時,左手旋轉花丁,右手只需控制力道及花嘴方向,不需跟著旋轉。

03 以ㄇ字型手勢,依照底紙的起始參考線擠出第一片花瓣。

04 完成第一片花瓣!

05 接續參考底稿起始線,完成第二片花瓣。

06 完成第三片花瓣。

07 為避免第五片花瓣在收尾時撞到第一片花瓣,最後可稍稍將花嘴抬起做收尾。最後使用乾性糖霜點上花芯。

01

02

03

04

♪♫ 擠花 —— 玫瑰花

01 製作底座。

    ● 底座的大小可以依據擠出的花朵大小來製作，欲製作的
    花朵越大，底座就要越厚實。

02 擠出一圈糖霜後，向下切斷製作花芯。

    ● 紅色箭頭為糖霜包覆的方向，實際上在擠糖霜時右手不
    需移動，左手邊旋轉花丁就可以了。

03 第一片花瓣的位置從花芯底部開始。

04 高過於花芯後向下包覆。

05 在第一片花瓣結尾處，向後一個花嘴的位置定為第二片花瓣起始點，以同樣方式完成第二片花瓣。

06 每片花瓣的長度及包覆角度儘量相同，製作出來的花朵形狀才會美麗。

07 完成三片花瓣的玫瑰小花苞！

●花瓣數量大多為

花芯→1

第一層→3 片

第二層→5 片

第三層→7 片

不同品種玫瑰也有著不同層數的花瓣，可依自己喜好決定花瓣數量，每一層的花瓣數量決定花形，花瓣層數則決定花朵大小。

08 第二層的花瓣若略第一層高，漸漸會呈現含苞待放的效果，若比第一層低，則可以製作出綻放的花朵！

09 完成兩層（五瓣）玫瑰！這是最常見、最好使用的花朵大小！

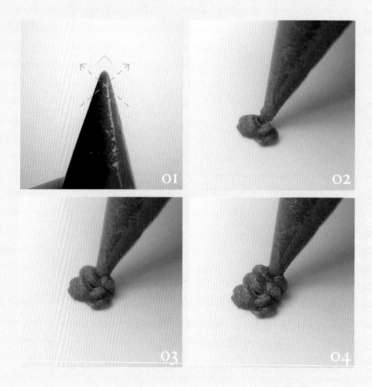

OI　將擠花袋剪出一個倒 V 的形狀。

O2　貼著平面後擠壓，使糖霜往兩旁延伸。

　　● 固定一個位置擠壓後，就不要再移動，否則葉片形狀會被拉長而不是往兩旁擴展。

O3　葉片擴展到一定寬度後即停止擠壓，稍微往前移動一點位置後，重複相同步驟。

O4　口訣：擠→停→擠→停

　　重複幾次動作後產生明顯的葉脈紋路。

05 收尾簡潔俐落，完成漂亮的葉形。

06 在幫花朵加葉片時，最好的位置是藏在花瓣底部且４５度向外擴張。

07 加入葉片的花朵，看起來更精緻與完整了！

經葉片點綴後的花朵，整體造型更豐富了呢！

第六章

一模，不一樣
16個模型，72種造型

　　餅乾的風格種類繁多，造型更是琳瑯滿目，我們

無法因應每個造型需求無限量去購買餅乾模型，除

了是一筆可觀的費用外，充足的收納空間更是一個

需要考量的問題，除了第三篇章介紹的手切模型可

以解決外，平時練習「一模多樣」的造型設計，更

能快速解決無窮無盡的造型變化，一起來激發創意，

嘗試單一模型帶來的無限可能。

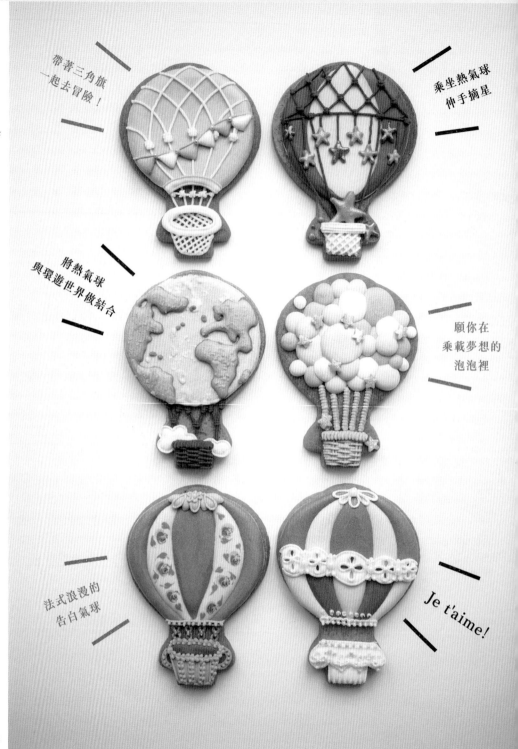

熱氣球

★★★★★★
往夢想出發啦～
小小寶貝，大大世界，乘坐熱氣球，與藍天白雲一同來段追夢之旅。
★★★★★★

帶著三角旗
一起去冒險！

乘坐熱氣球
伸手摘星

將熱氣球
與環遊世界做結合

願你在
乘載夢想的
泡泡裡

法式浪漫的
告白氣球

Je t'aime!

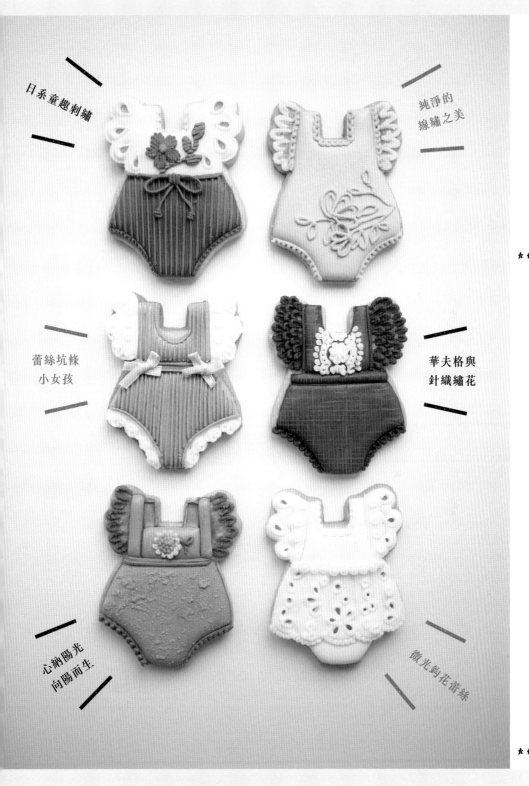

日系童趣刺繡

純淨的
線繡之美

蕾絲坑條
小女孩

華夫格與
針織繡花

心納陽光
向陽而生

微光鉤花蕾絲

公主袖包屁衣

★★★★★★★

每個小女孩都有個公主夢，讓我們來為心肝寶貝量身打造一套夢幻套裝，每天漂漂亮亮出門，開開心心回家。

★★★★★★★

短袖包屁衣

★★★★★★

OOTD

童年很短，別留遺憾，無論男孩女孩都要盡情展現自己的可愛～

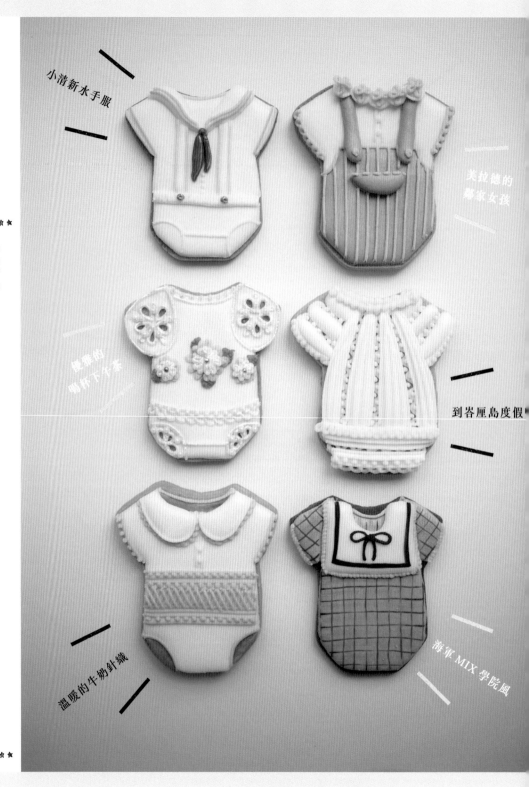

小清新水手服

美拉德的鄰家女孩

優雅的賜杯下午茶

到峇厘島度假

溫暖的牛奶針織

海軍 MIX 學院風

★★★★★★

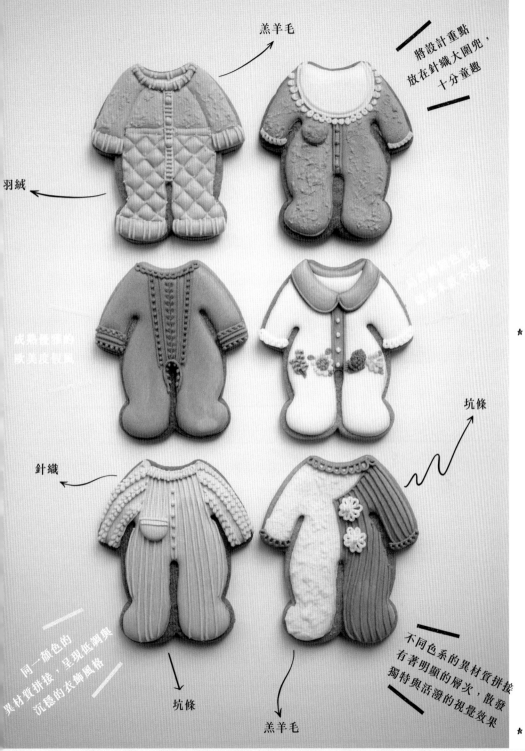

羔羊毛

將設計重點
放在針織大圓兜，
十分童趣

羽絨

成熟優雅的
歐美度假風

坑條

針織

坑條

羔羊毛

同一顏色的
異材質拼接，呈現低調與
沉穩的衣飾風格

不同色系的異材質拼接
有著明顯的層次，散發
獨特與活潑的視覺效果

★★★★★★★

寬鬆的設計，讓寶寶盡情玩耍～
換上舒適的連身衣，給我家娃兒的任務是天天開心。

★★★★★★★

奶瓶

★★★★★★

父母最大的願望就是看寶寶吃飽睡好沒煩惱，每一口，都是成長的篇章。

田園鄉村小碎花

縲縈輕蕾絲

宮廷風蕾絲奶瓶

初春的針織繡花

小香風金點菱格紋

「瓶」安「福」

★★★★★★

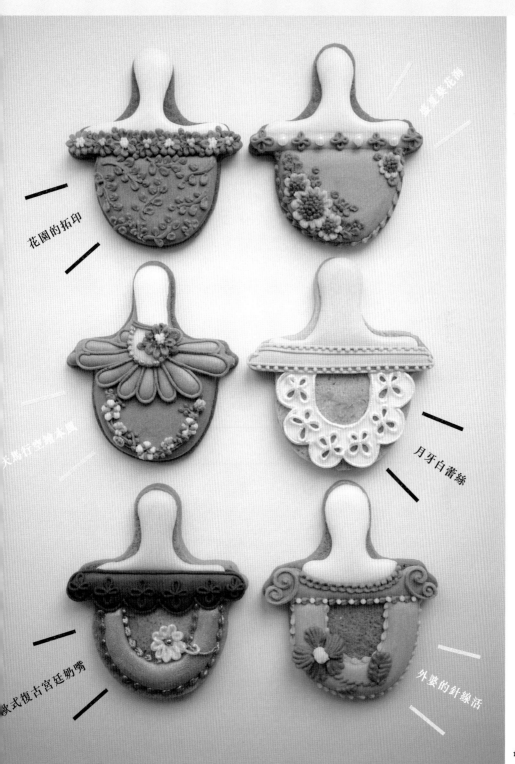

奶嘴

雙層裝花椰

★★★★★★

讓寶寶安心的奶嘴如同定心丸，看著孩兒純真的睡顏是父母最大的享受。

花園的拓印

天馬行空繪本圖

月牙白蕾絲

歐式復古宮廷奶嘴

外婆的針線活

★★★★★★

搖搖馬

★★★★★★★

收涎收乾乾，平你大漢好搖飼——搖搖馬是兒時最穩固的玩伴、最忠實的夥伴、最深刻的陪伴。

★★★★★★★

冬日的粗針織馬布

坑條

異材質拼接設計的搖搖馬

竹編

敦煌紋樣的中國之美

花卉針織

19世紀大西部牛仔

如法式甜點般的浪漫

熱烈的追逐陽光

154

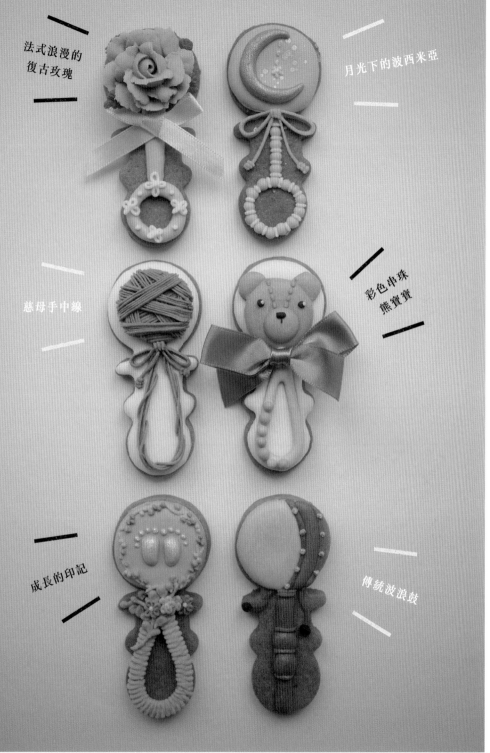

法式浪漫的
復古玫瑰

月光下的波西米亞

慈母手中線

彩色串珠
熊寶寶

成長的印記

傳統波浪鼓

手搖鈴

★★★★★★★

咚咚作響的童年隨心悅耳，一起陪著寶寶探索聲音的奇妙世界。

★★★★★★★

娃娃車

★★★★★★★★

「未來的路上，我陪你長大，你陪我變老」

每一天都是新的冒險，用最真摯的初心陪你走一輩子的路。

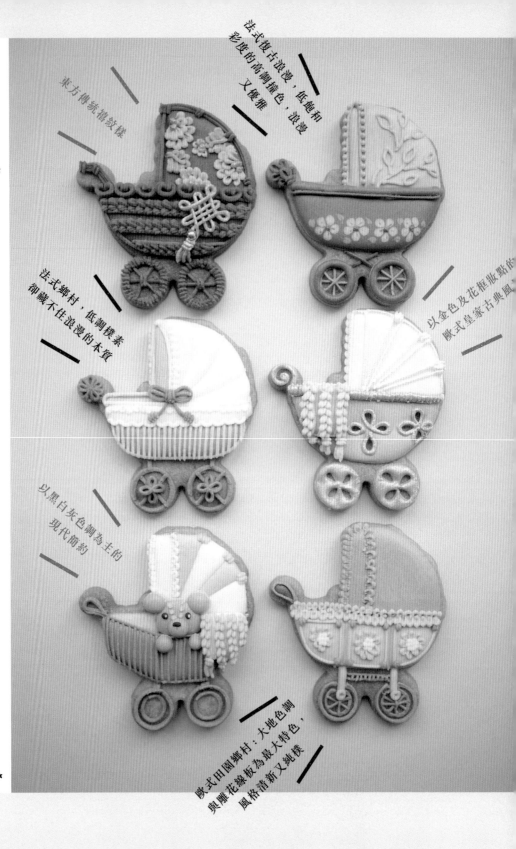

東方傳統籍紋樣

法式復古浪漫，低飽和彩度的高調撞色，浪漫又優雅

法式鄉村，低調樸素卻藏不住浪漫的本質

以金色及花框飾點的歐式皇家古典風

以黑白灰色調為主的現代簡約

歐式田園鄉村：大地色調與雕花綠板為最大特色，風格清新又純樸

★★★★★★★★

156

圍兜

★★★★★★

收涎收乾乾，乎你嘸通流口水。美味「食」光，輕鬆又愉快！

傳統碎花國風

美拉銹金點菱格

玫瑰線繡
粗針織之美

法式玫瑰印花

BOHO CHIC！
將設計重點放在蕾絲荷葉邊，
款式十分簡單卻充滿細節

一個玫瑰主題
三種方式呈現

立體玫瑰與羅馬紋

★★★★★★

文字框之一

★★★★★★★

這個祝福打動了我

寫上心情小語的小黑板

紙醉金迷的金色聖誕

質樸且純粹的木紋，是大自然的印記

大理石紋與金屬的搭配，貴氣十足

高貴的純白婚禮

低調卻真摯的語句，不搶走鑽戒的光芒

★★★★★★★

手繪風的復古玫瑰紋

押花畫

西米亞彩虹

油畫

秋的氣息

玫瑰雕花浮水印

第七章

一步一步，
慢慢來會比較快
—— 六組甜時設計經典款
不藏私教學

準備開始製作一組糖霜餅乾了嗎？

如果沒有想法沒關係，不要急～這章節收錄了三組甜時最暢銷的收涎餅乾主題，讓想舉辦收涎儀式的媽咪不用擔心訂不到熱門的款式，動動手指就能自己做！另外也收錄獨家設計三款作品等級的糖霜餅乾，可以獨自收藏也非常適合送禮，讓您的心意一鳴驚人，看似繁雜的主題，只要跟著教學步驟一步一步慢慢來，新手也能製作出看起來精緻又厲害的作品！

甜時品牌有數十種經典款造型的餅乾，主要的設計概念有兩種：

一是以傳統的生肖為主：

華人重視古代傳說與文化傳承，從剃胎毛、滿月、收涎、抓周這些傳統儀式的古禮仍活躍在現代的狀況就知道。生肖主題餅乾更是熱門的選項，以當年度生肖動物的特性與特色設計經典款餅乾已成爲我們必做公事。

01.兔年餅乾設計圖

例如：2023年的兔年經典款「兔北鼻」是以小兔子溫柔的特性，與牠帶給人無憂無慮的概念，設計出了有彩虹旗幟、雲朵、氣球、棒棒糖、派對兔等天眞可愛的意象；2024年的龍年經典款「龍喜立寶寶」（攏系你，台語「都是你」的意思），從主題命名開始我們就將媽媽對寶寶的愛與期盼寄託在整組餅乾裡面。當驗出兩條線、收到超音波照片、舉辦性別派對到這四個月的收涎，這一年、365天的日子，天天「都是你」。以有別以往「龍」給大衆莊嚴、隆重的印象，我們設計出了可愛俏皮的龍喜立寶寶主視覺角色，並使用粉嫩俏皮的馬卡龍色系來增添童趣的氛圍，也加入中國味十足的大紅色與金色，波浪鼓、錢袋、元寶、春聯、護身符、大紅龍等元素。

02.龍年餅乾設計圖

二是以大眾喜愛與流行風氣為主：

許多媽媽詢問收涎餅乾時，表明不知道自己想做什麼款式，也沒任何想法，請我提供意見與想法，這個狀況就是推出經典款式的用意，要設計出「讓人一眼就決定是它了！」的餅乾！當然，每個人的喜愛不同，我會根據時下最流行，最受人喜歡的主題、風格、甚至顏色來打造餅乾款式。

舉例來說：若今天要選一個玩具給剛出生的嬰兒，百分之八十的人第一個想到的都會是泰迪熊布偶，過去在歐洲有送一隻熊寶寶給初生嬰兒的傳統，父母親覺得泰迪熊是孩兒出生的第一個朋友，可以守護且陪伴寶寶健康長大，漸

小熊之一

小熊之二

漸的，泰迪熊「快樂童年」及「幸福家庭」的意象深植人心，因此熊寶寶款式一直是我花很多心思，決定強力成爲主打的款式；再例如：波西米亞風格（BOHO）深受年輕女性的青睞，那種隨風而逐、慵懶自在的氛圍搭配近年來炙手可熱的奶茶色系，無拘無束的風格與不爭不搶的色調可以說是天造地設的組合，在這希望世事都能簡化的社會風氣下，這種風格儼然已成了一個新的審美趨勢。

最後要分享的是最深受喜愛的花磚經典款，因爲一齣延禧攻略一炮而紅的「莫蘭迪色系」，絕對是媽咪們爭相指定的顏色！在這部劇裡，吸引我的不是後宮嬪妃爭寵的過程，而是各個嬪妃們身上的衣物，那些圖騰、花卉刺繡、用色甚至是領口樣式，都看得我心花怒放，因爲自己非常喜歡進而希望寶寶穿戴上也可以有著同樣的吸睛效果，就像劇裡的嬪妃一樣亮麗動人，即使花磚造型並非原創，但希望總結自己喜歡的花漾、圖騰、民族性、線條變化等元素形成一個新的面貌，並結合莫蘭迪色彩而將花磚收涎這個主題餅乾發揚光大。

花磚經典款之一

Sugar Cookies

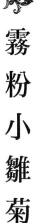

霧粉小雛菊

粉色—— 彷彿春天的第一朵花,簡潔、純淨為新生寶寶的象徵,融合霧粉色的溫柔與小雛菊的純粹。這組作品帶來了溫暖和滿滿初為人母的愛意,一直佔據甜時經典款銷售熱榜前三的地位,純樸的造型搭配少許異材質拼接,讓整組餅乾看似簡單又不平凡為最大特色。

作品的色調比例

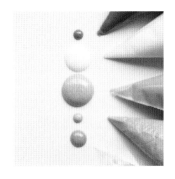

		中性	濕性
●	:5%	30g	
	:30%	30g	60g
●	:48%	30g	65g
	:2%		15g
●	:20%	30g	15g

所需材料

餅乾	十二片
金色、銀色糖珠	少許
蝴蝶結絲帶	一個
翻糖	一朵
金色、銀色珠光粉	

Tips

即使中性糖霜的繪製區域很小,建議還是準備 30g 的中性糖霜來操作,此克數的擠花袋尺寸較好抓握,施力點也剛好落在虎口位置,拉出的線條才會筆直不鬆曲。(熟悉動作後可依個人習慣或手掌大小來調整克數)。

還無法準確拿捏糖霜克數時,可以多準備中性糖霜,若缺少濕性糖霜只需要調整中性糖霜的濕度即可,但若缺中性糖霜時,就必須從頭調色了。

前置作業

裸餅的拉線

糖片製作

取一張烘焙紙，使用濕性糖霜製作數顆三種不同大小的圓。

省時的前置作業

● 本作品會使用糖片裝飾，製作糖片時，糖片須完全乾燥才能順利取下。乾燥的時間多寡取決於糖片的大小與層次數量，連最基礎的圓點都要 30 分鐘起跳。

● 開始繪製餅乾前可以先將擠好的糖片放入乾燥機，等待的同時邊繪製其他片餅乾，這樣的步驟安排就可以省下不少的時間哦！

01　使用中性糖霜拉出外框。

02　分區塊填色：使用濕性糖霜填色時，左右相鄰區塊需先留空等第一次填色區塊烘乾後再填色，擠的時候要注意讓表面平滑飽滿。

03　確認上一步驟填入的糖霜表面已乾後，依照一樣的方式將糖霜填入剩下區塊。每次在新的分區塊填色後都要進烘乾機出來再上色，烘乾時間視糖霜濃度、區塊大小等因素調整，乾燥時表面會從有反光變成霧面即可知完成。

　　　● 若不分批烘乾，所有區塊一起填色時色塊容易黏起來變平，無法呈現如圖中一瓣一瓣立體分明的樣貌。

04　花瓣都填色完畢後，使用中性糖霜將糖珠黏上即完成。

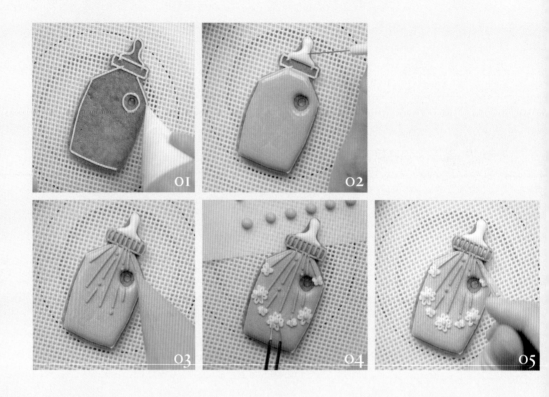

01 拉出奶瓶外框，注意小洞旁也要拉一個圓形，以免糖霜填入
　　後流進洞裡。

02 分區塊填色，用針筆處理特殊形狀的區塊。

03 完成分區塊填色後，使用中性糖霜勾勒出所需線條及紋路。

04 使用中性糖霜繪製小花，取下完全乾燥的糖片後黏上，製作
　　花芯。

05 花瓣及花芯可局部刷上珠光粉，製造反光效果，焦糖色糖霜
　　皆刷上金粉後奶瓶造型就完成了！

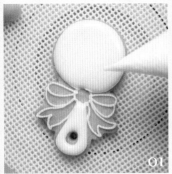
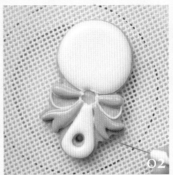
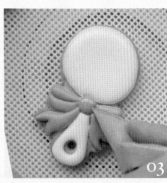
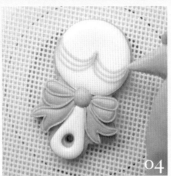

01　拉完外框後，使用濕性糖霜進行分區塊填色。

02　尖角細節使用針筆修飾，讓造型線條更加完整。

03　來回分次填色。（參考小雛菊 step3）

04　待糖霜全乾後，使用中性糖霜繪製緞帶線條，拉出裝飾彩帶曲線。

05　依序完成彩帶、小花繪製，使用糖珠點綴花芯，局部刷上金粉製作反光效果，手搖鈴就完成了！

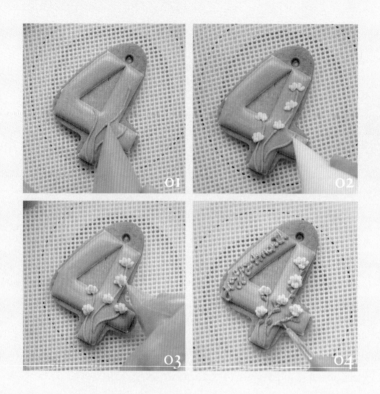

01　依前面教學步驟拉好外框、填入糖霜，待表面乾燥後使用中性糖霜拉出三條不同長度、方向的花梗曲線。

02　使用中性糖霜以ㄇ字型筆勢勾勒出側面第一層花瓣。

03　以同樣筆勢，使用粉色糖霜畫上 2/3 大的第二層側面花瓣，製作堆疊效果。

04　花梗間交錯畫上水滴型葉片、寫上字樣，焦糖色糖霜刷上金漆，葉片與粉色花瓣局部稍微刷金漆點綴，數字 4 就完成啦！

01　依序前面教學步驟。拉好外框、填入糖霜，使用針筆處理細
　　節。

02　處理完大區塊填色後，使用中性糖霜拉出木馬韁繩及水滴式
　　馬毛紋路，並點上眼睛。

03　拉出等距的橫線條紋。

→

04 拉出等距的斜線條紋，製作斜布紋質料。

05 馬背與馬身接縫處以水滴型花邊裝飾，連接處鑲上金色糖
珠，馬身與馬腳接縫處以蕾絲曲線收邊。

　● 在設計造型時，我常會將設計重點著重於「收邊」上，例如馬身
與馬鞍連接處，因為我們在馬鞍上使用了布紋質料的技巧呈現，所
以若沒有一個連接邊的修飾，會顯得連接邊都是線條而崎嶇不平，
再例如，馬身與馬腳連接處，常會因為連接面形狀的關係而產生裂
縫，此時就非常需要一些花邊或蕾絲的修飾讓整體造型更精緻。

06 馬腳與木椿交縫處以植物與小花瓣裝飾（參考數字 4 的花朵
教學）局部刷金就完成嘍！

01　依前面教學步驟。拉好外框、分隔區塊填入糖霜，使用針筆處理細節。

02　交叉上色，一樣要分區塊烘乾，控制擠出的糖霜量，以免裙片忽大忽小。

03　使用中性糖霜，以裙片中心為基準，拉出等距的曲線。

04　依序畫上等距的第二層、第三層等共五層裝飾曲線。

05　曲線交縫處以糖珠裝飾，腰身繫上蝴蝶結，小洋裝就完成嘍！

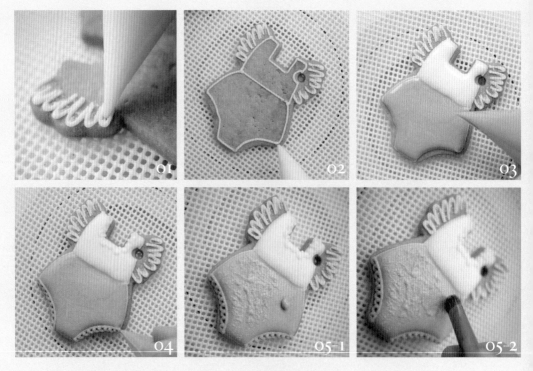

01 使用中性糖霜擠出厚重的 U 形糖霜，從底部往開口輕輕拖曳
（詳細畫法可參考中國風雕花技巧篇）。

02 先完成蕾絲袖口繪製後再拉出外框線，胯部的外框線稍微內
縮 2mm（此部位之後會繪製蕾絲裝飾）。

　● 若先拉好外框線再繪製蕾絲袖口，袖口兩邊的框線可能會因為繪
製蕾絲時筆勢拖曳的動作而把框線碰掉，避免重工花費更多時間，
所以調整了一下製作的順序！

　● 除了會多花一點時間外，修正或不必要的糖霜在餅乾上多少都會
留下一點痕跡，所以繪製的順序也會間接影響到成品的質感！

03 使用濕性糖霜填入。

04 待表面全乾後，在領口及胯部邊加入蕾絲花邊做裝飾及收
邊。

 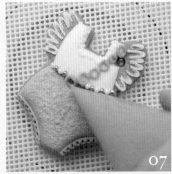 

05　局部擠上濕性糖霜，用筆刷以按壓的方式製作絨毛效果（詳細畫法可參考絨毛應用篇）。

　　● 按壓前一定要確認表面糖霜已全乾燥，否則一個力道太大，糖霜表面會直接破裂。

06　腰部交界處以糖珠做裝飾。

07　依照弧形背帶曲線，繪製數個小圓形。

08　圓跟圓之間以線串起。

09　黏上翻糖花朵後，在交縫處擠上葉子（葉子詳細畫法可參考擠花——立體葉片篇）。

10　在焦糖色糖霜上刷金粉，葉子可局部添金，這樣就完成嘍！

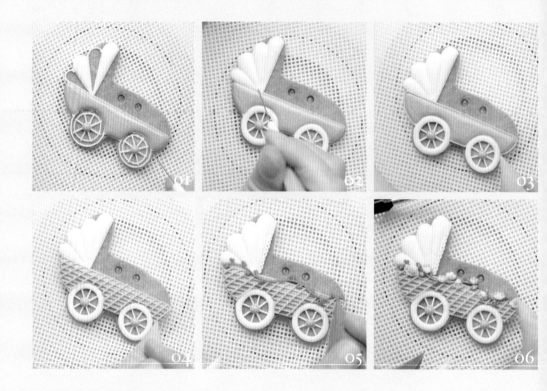

01　拉完外框後，使用濕性糖霜進行分區塊填色。

02　邊邊角角的細節使用針筆整理。

03　以中性糖霜框住車身。

04　等距繪製橫線與斜線，製作斜布紋質感。

05　車布邊以蕾絲裝飾收邊，區塊交縫處繪製藤蔓曲線並畫上樹葉點綴。

06　依照前面教學手法，畫上數朵小雛菊花苞，局部刷金就完成嘍！

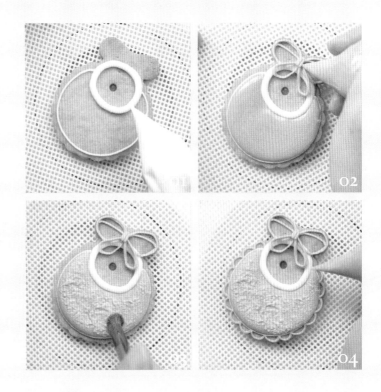

01　依前面教學步驟。拉好外框、分隔區塊填入糖霜。

02　使用中性糖霜繪製蝴蝶結。

03　局部擠上濕性糖霜，用筆刷以按壓的方式製作絨毛效果（詳細畫法可參考絨毛技巧篇）。

04　使用中性糖霜繪製圍兜兜邊緣等距的弧形。

→

05　每個弧形中間鑲上金色糖珠。

06　金色糖珠兩側使用中性糖霜繪製的小圓珠來固定。

　　🔘 為什麼不全部使用糖珠來裝飾呢？

　　全部使用糖珠來裝飾當然最整齊、作品度最完整，但製作訂單多年
　　的經驗告訴我「糖珠雖美，也最會掉！」有時客人收到餅乾時，會
　　反映珠子已掉了 5、6 成～中間的糖珠除了底部的黏著外，也會運用
　　左右兩邊使用糖霜擠出的裝飾性小珠子來固定哦！

07　最後，使用中性糖霜繪製小雛菊、寫上文字並局部刷上金粉，
　　這片圍兜就完成嘍！

奶嘴 *Step*

01 依前面教學步驟，拉好外框、分隔區塊填入糖霜。

02 待糖霜烘乾後，取下之前製作的糖片，等距貼上。

03 糖片間空格處使用中性糖霜繪製小花，花芯黏上較小尺寸的糖片點綴。

04 最後黏上蝴蝶結就完成嘍！

焙茶針織波西米亞

焙茶大地色調，讓每個觸碰都像與大自然擁抱。

近年來大地色調被擁戴的程度不言而喻，加上波西米亞自由、浪漫、無拘無束的靈魂，可說是天造地設的搭配。甜時銷售 NO.1 的這個款式讓寶寶享受大地與波西米亞般的放鬆、自在，柔美的針織線條為這組收涎餅乾的設計重點，用針織編出一個夢想，奏出波西米亞般心思細膩、心境遼闊的樂章。

作品的色調比例

	中性	濕性
:10%	30g	25g
:20%	30g	50g
:30%	35g	60g
:20%	30g	50g
:10%	30g	30g

裸餅的拉線

所需材料

餅乾	十二片
白色、銀色糖珠	少許
蝴蝶結絲帶	一個
銀色珠光粉	

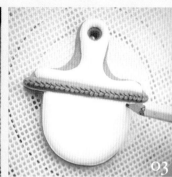

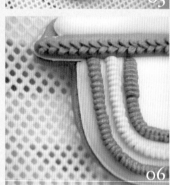

01 使用濕性糖霜，完成分區塊填色。

02 使用中性糖霜，繪製交錯的水滴型，製作心型針織效果。

03 以食用鉛筆繪製三條等距的U型底線稿。

04 使用中性糖霜拉出三條曲線。

05 使用中性糖霜，筆尖以旋轉的筆勢來等距堆疊糖霜繪製立
體針織效果。

06 完成三條立體針織。

07 黏上蝴蝶結就完成嘍。

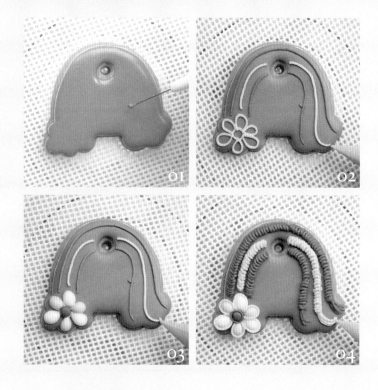

01 使用濕性糖霜填色打底。

02 待糖霜表面全乾後，使用中性糖霜繪製花朵外框及彩虹曲線
（可先使用食用鉛筆打底線稿）。

03 花朵填色完成後，繪製三條立體針織曲線。

04 完成立體針織繪製後，花朵邊使用中性糖霜框出花瓣，中間
留白供文字填寫。

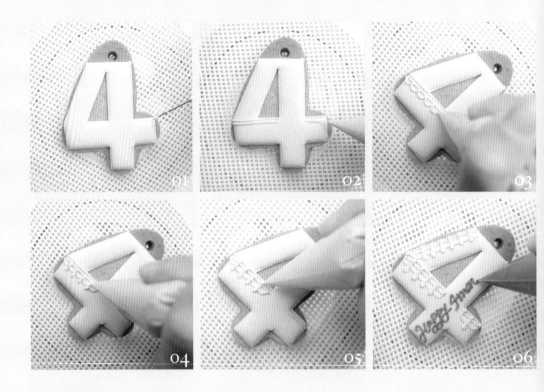

01　使用濕性糖霜填色。

02　使用中性糖霜繪製兩條平行線。

03　畫上等距弧形線條。

04　曲線之間以水滴形裝飾。

05　曲線尾巴以小圓點收邊。

06　斜邊依樣畫上蕾絲裝飾，寫上文字即完成。

手搖鈴 *Step*

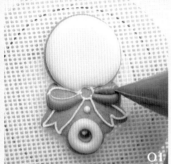 01 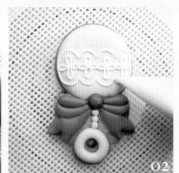 02  03

01 使用濕性糖霜做分區塊填色，細節處以針筆處理。

02 第一層糖霜全乾後，繪製第二層圖案底線再進行糖霜填色，
孔洞的部分要記得避開哦，不要讓糖霜蓋過去了。

03 第二層糖霜全乾後，孔洞及弧形邊使用中性糖霜描繪一層外
框，增加立體效果，空白處再增添幾個小圓圈來做裝飾，最
後局部刷上珠光粉來增加精緻度。

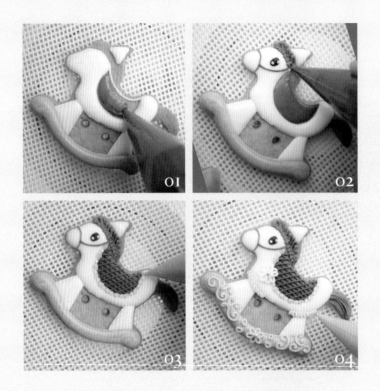

01　使用濕性糖霜做分區塊填色。

02　以中性糖霜拉出韁繩、點上眼睛，馬毛的繪製與此篇的奶嘴
　　身一樣，擠出交錯的水滴型來繪製毛流。

03　以斜布紋手法繪製馬布，馬布與馬身間以水滴與圓點的組合
　　來做收邊裝飾。

04　馬身與馬腳以蕾絲花紋收邊，底座繪上花朵與花瓣，再以古
　　典花紋點綴空白處就完成嘍。

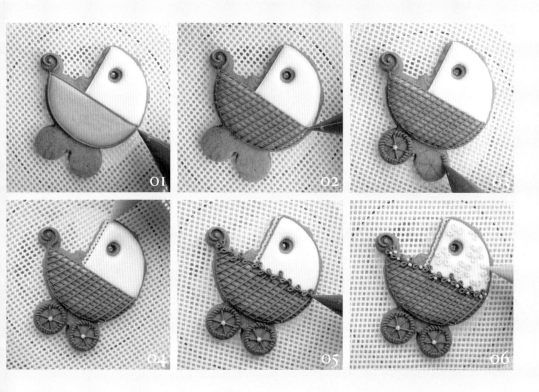

01 分區塊填色完畢後，以中性糖霜框出車身形狀。

02 繪製斜布紋線條。

03 正圓型的輪胎形狀可以先用食用鉛筆打稿，胎內線條爲六等
    份，交界處黏上糖珠，輪胎一樣使用旋轉堆疊的方式來繪製。

04 推車扇葉邊以蕾絲打底裝飾。

05 框出扇葉外框，扇葉與車身接縫處繪製小藤蔓裝飾，小嫩葉
    的位置盡量遮掩交縫不完美的地方，讓作品更無懈可擊。

06 扇葉小花瓣繪製方式參照圍兜兜畫法，讓整組作品呈現一致
    性。

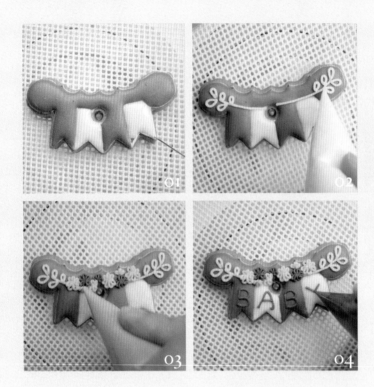

01　以濕性糖霜分區塊填色，尖角與細節以針筆處理。

02　區塊交接處以弧形線蓋上，左右空白處畫上幾片小嫩葉來裝飾。

03　以白色弧形線爲底，在上方堆疊幾朵不同大小、顏色的花朵，利用花朵遮掩交縫不完美的地方。

04　最後寫上所需文字。

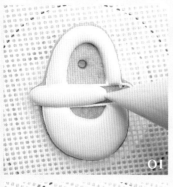

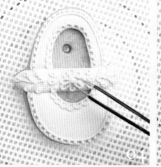

01 使用濕性糖霜完成填色。

02 糖霜表面全乾後，以中性糖霜拉出鞋面外兩層框線。

03 框線中間以等距小圓點裝飾。

04 鞋面內側以等距弧形裝飾，鞋帶中間拉出小花朵線條與花瓣，左右延伸繪製枝葉，花芯中間黏上糖珠。

05 鞋面中間以中性糖霜繪製花卉刺繡（參考第五章「花卉拉線刺繡」技法）。

06 使用不同顏色的中性糖霜堆疊第二層花卉刺繡，讓花朵有層次的效果，最後在花芯中間黏上糖珠就完成了。

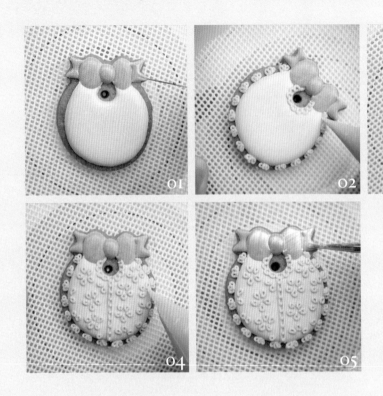

01 使用濕性糖霜完成分區塊填色，尖角與細節以針筆處理。

02 圍兜領口畫上弧形蕾絲裝飾，圍兜花邊以三個水滴為一組合，等距繪製。

03 領口正中間拉出兩條直線，中間等距點上圓點製作圍兜排扣。

04 以花瓣線條來裝飾圍兜造型，大面積先以五片花瓣來繪製，依據剩下的空間來描繪四瓣、三瓣、甚至兩瓣的花朵，不要因為空間狹小而縮小花瓣尺寸，整體看起來會較不自然。

05 最後局部刷上珠光粉來增加質感。

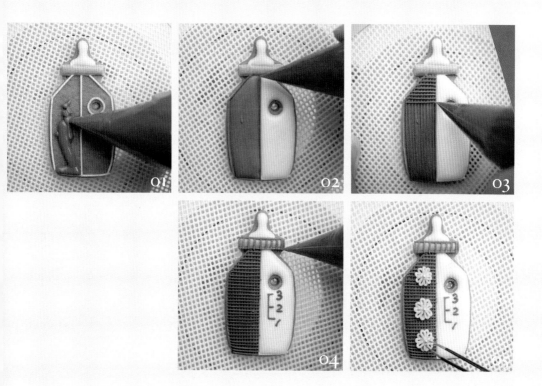

01 先將奶瓶底層分區塊填色。

02 使用中性糖霜將茶色區塊整面框起來。

03 拉出等距的直線與橫線,使茶色區塊形成一面整齊的小方格。

04 加上瓶蓋螺紋以及刻度線條與數字。

05 使用中性糖霜繪製三朵小雛菊,再於花芯中間黏上糖珠就完成嘍。

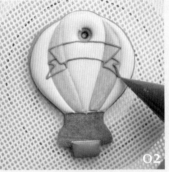

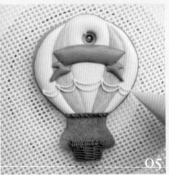

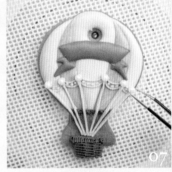

01　使用濕性糖霜完成熱氣球的分區塊填色。

02　待糖霜表面全乾後，畫上第二層彩帶框線。

03　彩帶完成填色後，於熱氣球底部繪製兩條橫線，中間等距點上小圓點來做裝飾收邊，接著進行竹籃編織（可參考竹籃藤編）。

04　用旋轉的方式來堆疊線條完成竹籃框的繪製。

05　以中性糖霜拉出兩層垂吊的弧線。

06　弧線交縫處拉線至竹籃中心。

07　弧形與線條交縫處黏上糖珠，兩條弧線中間點上圓點來裝飾。

08　籃框上方繪製多朵不同大小、顏色的花卉來增添層次效果，最後於熱氣球彩帶上寫上所需文字就完成嘍。

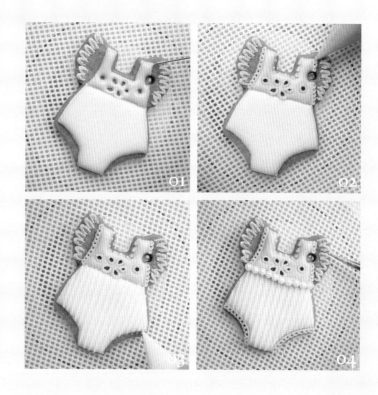

01 先完成袖邊的蕾絲花邊，再進行分區塊填色；孔洞邊不要擠太多糖霜，以免孔洞被過多的糖霜蓋過。

02 領口以水滴裝飾，孔洞邊繪製花瓣造型框線，增加立體效果，袖口以蕾絲裝飾收邊。

03 洋裝下擺繪製等距直線製作坑紋材質。

04 胯部以蕾絲花紋收邊，坑條與袖口邊局部刷上珠光粉，最後於腰際鑲上糖珠。

禧紅展現的火焰與生命力，激發無限的愛與熱情。

這組作品融合了更多技法，一步一步堆疊層次，詮釋出更細膩的條線與糖霜的多變，沉穩卻亮眼的底色與高對比花朵的碰撞，顯現新生兒不可阻擋的生氣和活力。

作品的色調比例

	中性	濕性
:40%	40g	55g
:30%	30g	45g
:5%	30g	
:20%	30g	40g
:5%	30g	25g

裸餅的拉線

所需材料

餅乾	十二片
金色、銀色糖珠	少許
翻糖葉片	兩片
蝴蝶結絲帶	兩個
金色珠光粉	

禧紅熊寶寶花卉刺繡

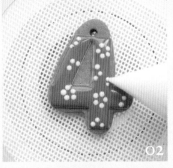
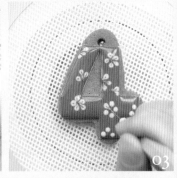
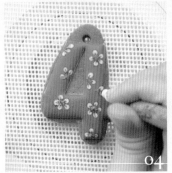

01　使用濕性糖霜填入底色，並用針筆處理尖角部位。

02　在在底色未乾前，使用濕性糖霜擠幾顆小圓形圍成花朵狀（參考第五章「花漾圖騰」技法）。

03　使用針筆從圓點中心往花朵中心移動。

04　糖霜表面烘乾後，使用色素筆勾勒花瓣外框與花心周圍的皺摺紋路。

05　使用中性糖霜點出花芯，再框出葉子外型。

06　完成葉形刺繡後（參考第五章「花卉拉線刺繡」技法）在葉子上方堆疊花瓣外框。

07　依照同樣方式完成兩層花瓣繪製，花芯鑲上糖珠就完成嘍。

01　使用濕性糖霜完成底部的分區塊填色。

02　鞋面的內外側使用中性糖霜拉出蕾絲花紋。

03　在鞋面中心繪製數條藤蔓。

04　使用中性糖霜框出花瓣外框。

05　依照同樣步驟完成兩層的花朵刺繡，於花芯鑲上糖珠。

06　最後黏上蝴蝶結就完成嘍。

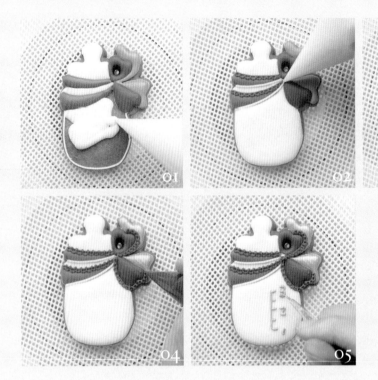

01 使用濕性糖霜完成底部的分區塊填色。

02 彩帶造型的色塊交錯間以線條或蕾絲曲線來裝飾，增加造型
　　豐富度。

03 焦糖色部位刷上金粉。

04 蝴蝶結邊也畫上蕾絲曲線。

05 蝴蝶結與彩帶中間鑲上金珠，再使用中性糖霜寫上刻度並刷
　　上金粉就完成嘍。

01　使用濕性糖霜完成第一層填色。

02　使用中性糖霜繪製植物與藤蔓線條後拉出花朵及小熊外框。

03　使用濕性糖霜完成小熊及花朵的分區塊填色。

04　黏上事先準備的葉形翻糖，並刷上銀色珠光粉。

05　在藤蔓與植物邊緣使用中性糖霜繪製數朵小花裝飾。

06　最後點上小熊五官，小熊花圈就完成嘍。

01　使用濕性糖霜填入底色，並用針筆處理尖角部位，注意且拿捏要填入的糖霜量，勿淹沒留好的孔洞哦。

02　糖霜表面烘乾後，使用中性糖霜在孔洞旁框出一層外框增加立體感。

03　糖霜與餅乾體交縫處以水滴邊框裝飾收邊。

　　⚫ 水滴邊框裝飾位置：

　　水滴裝飾除了增加造型豐富度外，還有個修飾造型的大功用！水滴繪製的位置應於餅乾體及糖霜交縫處，以 45 度的角度來擠水滴，補滿交縫處，遮蓋不完美的部分！所以若在前置繪製時，邊框不小心出現小瑕疵，利用水滴邊框裝飾就是個很好的修補方式！

糖霜

餅乾體

※灰色箭頭是擠的方向及位置

04　擠上三個水滴形，連成半邊花瓣的造型，中間鑲上糖珠。

05　焦糖色部分刷上金粉。

06　最後黏上蝴蝶結就完成嘍。

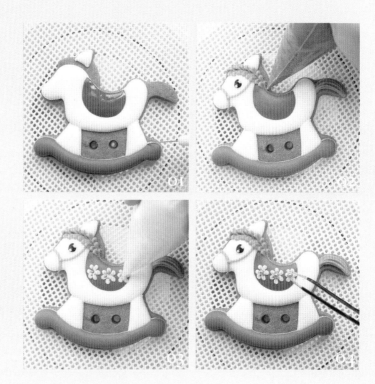

01 使用濕性糖霜完成分區塊填色。

02 使用中性糖霜拉出木馬韁繩、馬毛線條、點上五官。

03 在馬布上畫三朵小花。

04 花芯鑲上糖珠。

→

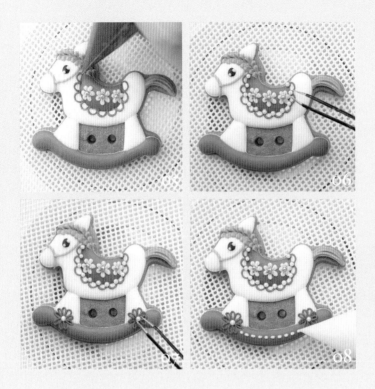

05 拉出馬布邊的蕾絲曲線。

06 曲線交接處黏上糖珠。

07 馬腳與馬座間繪製小花朵。

08 完成馬座裝飾！

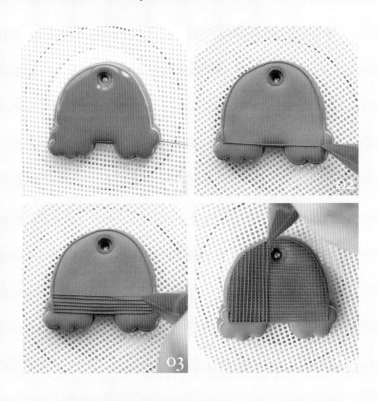

01 使用濕性糖霜完成第一層填色。

02 待糖霜表面全乾後,使用中性糖霜依照餅乾形狀框出一半圓型。

03 等距拉出橫線。

04 等距拉出筆直的直線。

　　● 可以旋轉轉盤改變拉線方向,依照自己可駕馭的拉線角度來繪製即可。

　　● 如左圖等距且整齊的小方格。

→

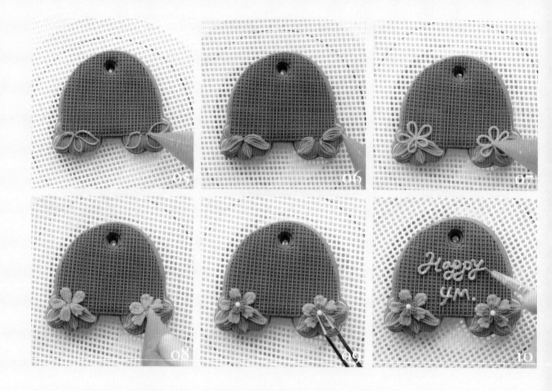

05　使用中性糖霜框出葉子外型。

06　完成葉形刺繡。

07　在葉子上方再框出一層花形外框。

08　完成第一層花形刺繡。

09　再堆疊一層花形刺繡增加立體感，鑲上糖珠當花芯。

10　寫上所需文字及刷上金粉後，文字牌就完成嘍。

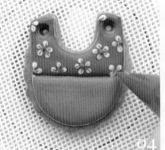

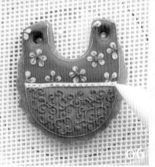

01 完成底部的分區塊填色。

02 在糖霜表面未乾前繪製花漾圖騰。

03 完成花漾圖騰繪製。

04 用色素筆加強花漾精緻度並點上花芯。

05 使用中性糖霜勾勒花紋裝飾。

06 在腰際間以蕾絲裝飾收邊。

07 領口及圍兜邊畫上蕾絲曲線來裝飾就完成嘍。

手搖鈴 *Step*

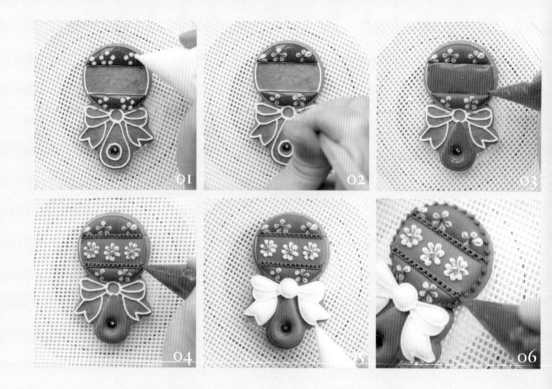

01 在糖霜表面未乾前繪製花漾圖騰。

02 完成花漾圖騰繪製。

　　● 區塊較小的部位可以只畫上 2 或 3 片花瓣，半邊花朵圖騰會讓整體看起來較為自然。

03 繼續完成分區塊填色。

04 中間區塊使用中性糖霜畫出三朵小花，交縫處繪製裝飾線條來做修邊。

05 完成蝴蝶結的填色，並拉出外框線。

06 最後畫上水滴裝飾手搖鈴邊框造型。

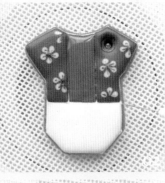

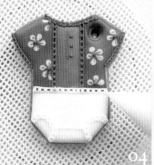

01 使用濕性糖霜上色，糖霜未乾前繪製花漾圖騰。

02 完成分區塊填色。

03 領口、袖口、衣服交縫處繪製蕾絲曲線裝飾。

04 胯部繪製縫線線條、腰際繫上蕾絲腰帶。

05 使用中性糖霜框出花朵外框。

06 完成花朵分區塊填色。

07 繫上背帶、框出花朵外框增加立體線條、最後黏上花芯就完成嘍！

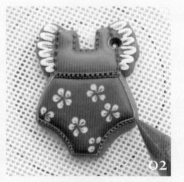

01 使用濕性糖霜完成底部的分區塊填色及花漾圖騰繪製。

02 使用中性糖霜在領口、袖口、胯部及腰際間繪製蕾絲裝飾收邊。

03 上半身繪製花朵及葉片裝飾，花芯鑲上糖珠就完成嘍。

01 使用濕性糖霜分區塊填色，右邊小吊飾做花漾圖騰的造型繪製。

02 使用中性糖霜繪製小花吊飾，中間鑲上糖珠當花芯。

03 拉出雲朵形狀外框，點上小熊五官。

04 使用中性糖霜點出數個小圓形做吊飾串珠，最後刷上金粉及寫上所需文字後就完成嘍。

花磚是一種民族、故事性強烈的圖騰，構造繁複精美，非常適合運用在各種主題配色上，也是甜時經常運用的獨家設計。

此節範例是將花磚款式結合敦煌色調的作品。敦煌色調是一種累積千年的色彩，取自大自然的壁石、黃土與礦石，帶有濃厚且熱烈的民族意象，相較於莫蘭迪的沉穩內斂，敦煌配色顯現澎湃又優雅的視覺效果。

作品看起來繁瑣複雜，但其實使用到的技巧非常簡單，在前面的章節都有詳細教學，只要將事前作業準備妥當，技巧之間互相疊加搭配，完成這樣一組花磚作品，絕對是件輕而易舉的事！

作品的色調比例

敦煌色調花磚紋樣

		中性	濕性
	:10%	40g	30g
	:10%	30g	30g
	:25%	30g	40g
	:5%	30g	30g
	:25%	35g	30g
	:25%	35g	40g

所需材料

餅乾	五片
金色、銀色糖珠	少許
翻糖玫瑰	三朵
金色珠光粉	

裸餅的拉線及稿圖

菱格紋花磚 *Step*

01 使用中性糖霜照著鉛筆稿線拉出外框。

02 填菱格紋前，使用中性糖霜在不相鄰的格紋中心擠上小圓球
再填色，烘乾後重複此作業於尚未填色的區域。小圓球除了
做記號，方便確認填色區域外，也可以避免填色後糖霜中心
塌陷。

  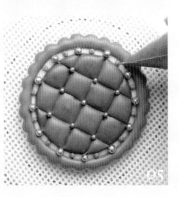

NG 的菱格紋！

菱格紋看似簡單，只有填色的步驟，實際上要填的漂亮，也需要一定的經驗與練習。

以下這幾個都是常見的 NG 狀況

1. 溢出網格：框線太薄，糖霜太稀，一填色就溢出框架。

2. 格子中間凹陷：糖霜太稀，填塞前沒有擠入支撐的糖霜。

3. 表面龜裂：糖霜太稀，烘乾後龜裂。

4. 格子形狀不一：填色時沒有拿捏糖霜量，擠入太多糖霜，而使格紋忽大忽小。

03　使用濕性糖霜完成第一次填色後要記得烘乾再繼續上色。

04　格子交錯處以糖珠妝點。

05　在餅乾鏤空處鑲上糖珠與球形糖霜裝飾。

→

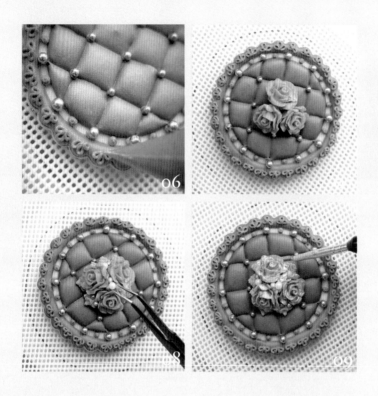

06　拉出三片花瓣做花邊裝飾。

07　翻糖玫瑰（買翻糖原料押入模型。乾燥後取出）與餅乾體間以中性糖霜黏著，中間會看起來像三角錐的形狀（如上方圖示）。

08　隙縫處擠上葉片、小花苞來固定花朵，黏上少許糖珠做裝飾。

09　最後將玫瑰刷金就完成嘍。

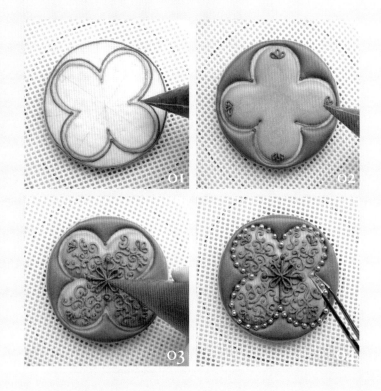

01 使用中性糖霜照著鉛筆稿線拉出外框。

02 分別填色及烘乾後，在花瓣邊繪製小花裝飾。

03 四片花瓣皆以滿版的羅馬紋路做裝飾，在餅乾最中間以相反
方向的四片花朵收尾。

04 餅乾體鏤空處等距鑲上糖珠就完成嚕。

　　● 等距的小方法：

　　可以在邊、角、中心點幾個重點位置黏上糖珠後再以每個糖珠到糖
　　珠中心點為主的方式鑲上所有糖珠，這樣就會達到每顆糖珠都是等
　　長的距離哦。

01 使用中性糖霜拉出中間圓形外框。

02 填色烘乾後，拉出等距的線條。

03 運用交叉的水滴拉出針織紋路。

04 在邊框畫出圓弧形，做蕾絲線條裝飾。

05 畫滿一圈的蕾絲花邊，花邊交接處以四瓣花朵疊加裝飾。

06 針織花紋與蕾絲花邊交縫處以水滴加圓點做收邊。

07 最後在每瓣蕾絲花紋中間畫上撞色小花朵來做裝飾就完成嘍。

01 使用中性糖霜照著鉛筆稿線拉出外框。

02 先將隔開兩邊圖案的區域上色完後，畫上鏤空花樣的底線。

03 交錯填色。

04 使用中性糖霜拉出兩邊的圓形外框，增加圓弧的平整度，在最外圍畫上水滴型花邊，鏤空的花瓣疊加一層框線來添增立體感。

05 在外層區塊繪製葉片與裝飾線。

06 內圈以撞色方式繪製水滴框線與小花朵裝飾，最後在中間以華麗的花卉收尾就完成嚕。

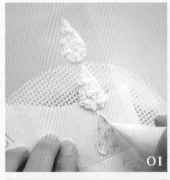
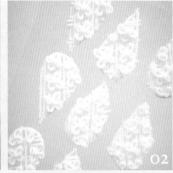
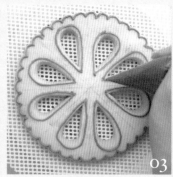
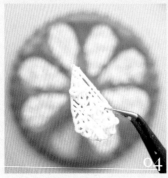

01　先製作鏤空的花窗糖片（參考第五章「糖片」技法）。

02　完全乾燥後的糖片可輕易取下。

03　使用中性糖霜照著鉛筆稿線拉出外框。

04　填色後立即將先前製作好的糖片黏上。

　　⬤ 因需製作鏤空效果關係，糖片線條較細質地也非常脆弱，建議使用工具拿取較不容易毀損。

05　對準好餅乾體的孔洞再放入糖片，避免太多次的移動過程讓糖片毀損。

06　烘乾後在糖片及糖霜交接處擠上水滴型花邊裝飾，並加強黏著。

07　在鏤空花窗間繪製藤蔓。

08　餅乾中心及藤蔓尾端繪製花朵圖騰裝飾。

09　最後拉出花邊裝飾曲線就完成嘍。

作品細節

黑曜鎏金歲月

　　這組作品的用色方向雖以黑色及金色為主，卻有著將近十種的顏色搭配，我特意設計了「不同色調的黑」來顯現光影下暗色的不同層次，就連金色也有著三種金屬色澤的變化，讓「質感」不只能被評價在繪畫技巧上，也可以從顏色中取得，試著把玩色彩，即使是單調的黑色系也能玩出有趣的視覺變化。

作品的色調比例

	中性	濕性
● :20%	30g	65g
● :20%	30g	65g
● :1%	30g	25g
● :20%	30g	65g
● :5%	30g	25g

裸餅的拉線

所需材料

餅乾	五片
金色、銀色糖珠	少許
蝴蝶結絲帶	一個
金色、銀色、銅色珠光粉	

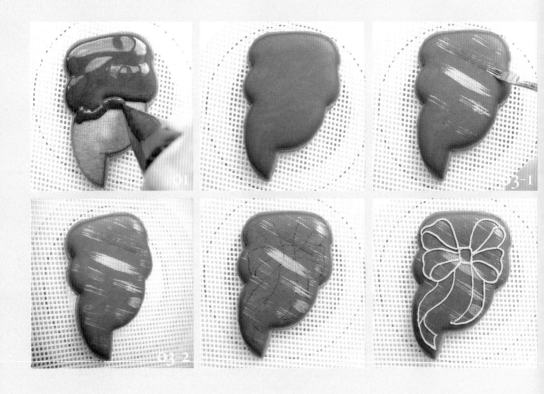

01 使用黑墨綠填色打底。

02 將糖霜烘到全乾。

03 使用凸顯線條的特殊刷具隨興刷上金線條。刷金線時，讓線
　 條深淺粗細交錯，讓紋路看起來更生動活躍。

04 使用轉印方式將蝴蝶結輪廓轉印至糖霜表面。

05 拉出蝴蝶結外框。

06　內裡及轉折處先填上糖霜。

07-1　未填色部位再拉一次外框，中間擠入一些糖霜，增加圖案
　　　立體度。

07-2　細看漂亮的立體度。

08　待糖霜烘乾後，於線條轉折處鑲上銀色糖珠。

09　蝴蝶結正面刷上珠光銀粉。

10　星鑽蝴蝶結完成！

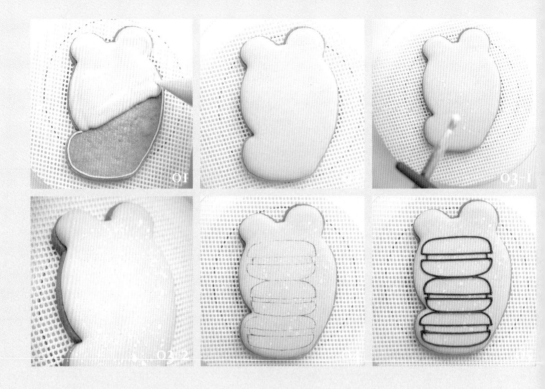

01　使用米灰色打底填色。

02　將糖霜烘到全乾。

03-1　敲打沾了珠光粉的筆刷，製作星空光點。

03-2　製作不同大小的光點，呈現自然的星空感。

04　使用轉印方式將馬卡龍底稿繪製在糖霜表面。

05　拉出馬卡龍外框。

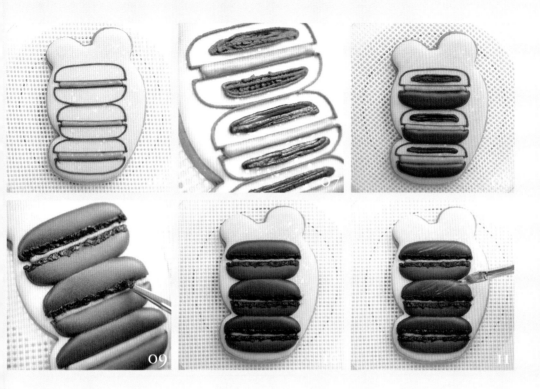

06 填入內餡。

07 馬卡龍最重要的就是澎度的呈現，為避免糖霜塌陷，先上一層糖霜好支撐澎度。

08 分區塊填入糖霜。

09 擠一層中性糖霜，使用筆刷用按壓的方式製作馬卡龍裙邊。

10 完成馬卡龍本體！

11 用特殊筆刷在馬卡龍上方刷金粉裝飾。

$\longrightarrow$

12-1　轉印上方蝴蝶結輪廓，分區塊填色。

12-2　蝴蝶結的轉折處及內裡都要先填色，正面彩帶才會呈現最立體的模樣。

13　完成蝴蝶結填色。

14　刷上金銅色珠光粉。

15　使用銀色珠光粉加強彩帶反光的部分，馬卡龍就完成嘍。

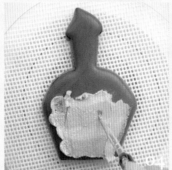 

01　使用黑墨綠填色打底，將糖霜烘到全乾。

02　在刮刀上擠出交錯的米灰與焦糖色糖霜。

03　對好蛋糕底的位置後，將刮刀從左往右刷過。

04　待糖霜乾燥後刷上銀色及香檳金珠光粉。

　　● 稍有紋路的刷痕看起來更有手作的溫度。

05　框出蠟燭的造型外框。

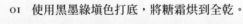

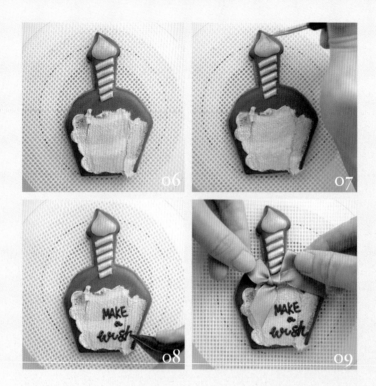

06 填完米灰色及焦糖色後刷上金、銀珠光粉。

07 使用金銅色珠光粉加強火焰色澤。

08 寫上祝福語。

09 黏上蝴蝶結彩帶，星願杯子蛋糕就完成嘍。

01　使用黑墨綠填色打底，將糖霜烘到全乾，畫出蝴蝶結與彩帶線條外框。

02　彩帶及蝴蝶結填上黑色糖霜。

　　◉ 烘乾過程中，奶油會因溫度關係融入糖霜，形成糖霜表面看起來有被暈染的痕跡，遇到這個狀況時不用太擔心，放置一段時間奶油均勻融入後，色差會漸漸消失。

03　線條較複雜，多次區隔填色。

04　敲打沾了珠光粉的筆刷，製作星空光點。

05　寫上祝福語。

06　最後畫上一層蝴蝶結外框與邊框紋路來增加線條層次，再將文字刷金後就完成嘍（一開始被暈染的色塊也消失啦！）。

01 使用黑色填色打底。

02 完全烘乾後，拉出畫框造型框線。

03 空白處畫滿羅馬花紋。

04 等距點上圓點裝飾畫框。

05 使用刮刀抹出三層蛋糕。

06　畫上蛋糕底盤及底座。

07　用蕾絲鉤線裝飾底盤及底座。（參考第五章「蕾絲」技法）

08　寫上祝福文字。

09　將蛋糕與文字刷上珠光粉，畫框的立體花紋上也刷上少量珠
　　光粉，法式畫框就完成嘍！

夏序的私藏飾品

糖霜可以展現的樣貌千變萬化，從最初的餅皮製作已悄悄來到了最後的篇章，在這一章節，我要分享幾款我在海島國家旅行所帶回的個人收藏——仲夏飾品，這些飾品別具特色，有著木紋、編織、流蘇、金屬、寶石等，以大自然的素材為主交錯搭配，樸實卻不無聊，期盼大家熟悉這些元素的製法後，也可以拿出自己的珠寶盒，來用糖霜臨摹、詮釋個人的收藏品。

原飾品

這章節的製作方式著重於糖片的組合。設計了不同質感與紋路的底盤來盛放飾品，這些紋路有著顯著的高低差，如果直接畫上圖案的話可能會造成飾品的形狀跑掉，若將所有飾品的零件拆解，等待糖霜外型固定後結合，即使底盤再凹凸不平，都不會影響圖案最後結合完成的形狀。

為了呈現不同材質的底盤，各個材質在製作時烘乾的時間也大相逕庭，例如要製作碎石感的紋路，要在糖霜未乾前進行敲打，大約烘至 20 分鐘就必須動作，反之製作階梯紋路的底盤時，要把糖霜烘到全乾才能把饅頭紙拆除，烘到全乾的時間至少需要兩小時，否則糖霜在未乾的狀態下就拆卸拆，可能造成糖霜表面破裂而功虧一簣！

作品的色調比例

	中性	濕性
● :10%	30g	30g
○ :30%	30g	80g
● :30%	30g	80g
● :5%	30g	25g
○ :5%	30g	
:5%	30g	
:5%	30g	
:5%	30g	
● :5%	30g	

裸餅的拉線

所需材料

餅乾	五片
金色、銀色、白色糖珠	少許
烘焙紙（饅頭紙）	兩張
金色、銀色珠光粉	

將饅頭紙一張折成橫條狀，一張隨興揉成紙團再攤平。

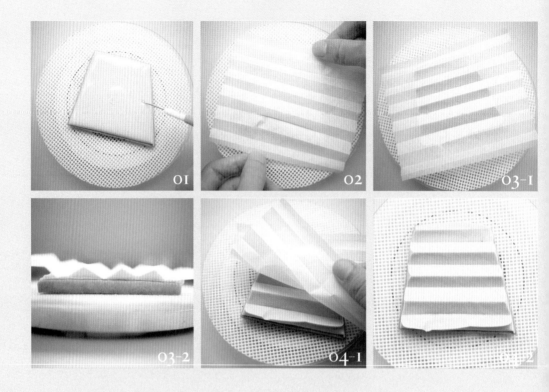

01 使用濕性糖霜將分區塊填色完整（因為下一步驟需擠壓表面，所以勿填入太多糖霜）。

02 將摺好的饅頭紙輕輕放在糖霜表面。

03 饅頭紙服貼糖霜表面後，稍加施力按壓，讓凹槽與凸起處都確實緊貼饅頭紙。

　　● 糖霜與饅頭紙緊貼的側面圖。

04-1 完全烘乾後取下饅頭紙（大約兩小時）。

04-2 呈現完整的階梯狀（若無完全烘乾就取下，糖霜未乾的部分可能會破損而造成表面不平整）。

05 製作飾品上的綠松石糖片。在墊片上以中性糖霜畫框,以濕性糖霜於中間填色,等乾後取下。(參考第五章「糖片」技法)

🔴 繪製綠松石糖片時,添加一些咖啡色糖霜,如同勾勒大理石紋路般,製作綠松石紋路。

06 製作藏銀飾品本體糖片,待綠松石糖片烘乾後,組裝上去並繪製周邊紋路。

07 製作藏銀飾品尾巴零件及羽毛糖片。(羽毛上色可參考第五章「漸層效果」技法)

08 待糖片烘乾後,畫上銀飾尾巴零件上的紋路,並沾取濕性糖霜在羽毛上製作絨毛感。

09 在底層上方畫上頸繩。

→

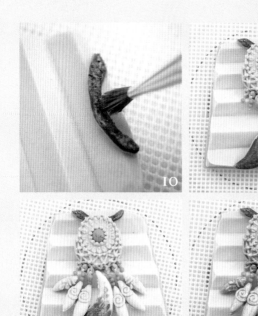

10　沾取濕性糖霜輕壓上去製作皮繩質地。

11　將糖片組裝上去。

12　組裝銀飾尾巴零件。

13　將銀色珠光粉添加微量的黑色色粉，調製成藏銀質地的黑銀色。

14　沾取米白色濕性糖霜，輕壓製作絨毛感。

15-1　使用米白色、米灰色相近色系來繪製羽毛，製作自然深淺的
　　　羽毛紋路。

15-2　繪製完羽毛的捕夢網。

16　最後在羽毛與藏銀片連接點做角件的黏合並刷上銀粉，這片
　　藏銀捕夢網皮革頸鍊就完成嚕。

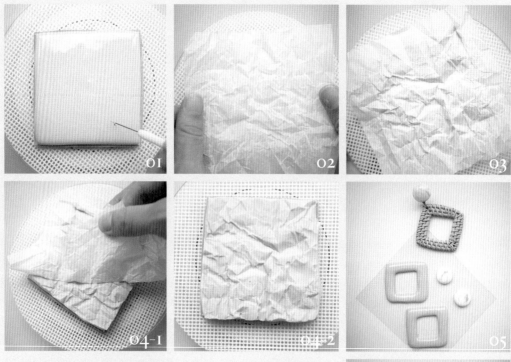

01. 使用濕性糖霜將分區塊填色完整（因為下一步驟需擠壓表面，所以勿填入太多糖霜）。

02. 將有紋路的饅頭紙，輕輕放在糖霜表面。

03. 饅頭紙服貼糖霜表面後，稍加施力按壓，讓凹槽與凸起處都確實緊貼饅頭紙。

04. 完全烘乾後取下饅頭紙（大約兩小時）。

   ● 呈現完整的紋路。

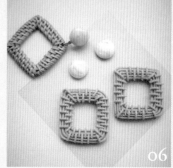

05. 繪製四方形鏤空的飾品底層及珊瑚玉寶石糖片。

   ● 珊瑚玉的底層為白色，添加少許黃色及焦糖色，以勾勒大理石紋的方式來繪製珊瑚玉的紋路。

06. 使用中性糖霜繪製編織紋路。珊瑚玉底層刷上白色珠光粉，以金粉加強礦石紋路。

07. 將全乾的糖片取下，調整好位置後組裝黏上，珊瑚玉 —— 夏日的編織耳飾就完成嘍。

01　使用濕性糖霜將分區塊填色完整。

02　大約烘 20 分鐘後取出，以筆桿輕敲的方式敲出碎石質地。

03　製作好一半面積的碎石紋路後放進烘乾機裡持續烘乾。

04　糖霜表面全乾後，另一半使用筆刷沾取濕性糖霜，輕壓製作
　　絨毛質感。

　　◯ 完成異材質的拼接。

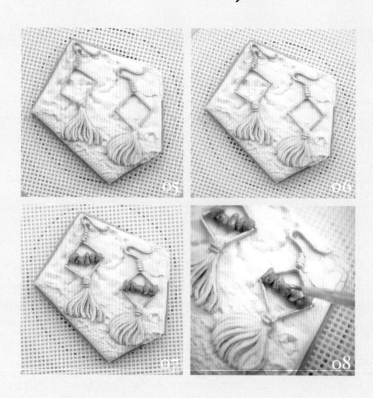

05　使用食用鉛筆打好稿後，畫上金屬框架及流蘇線條。

　　● 繪製流蘇時，先用米灰色糖霜打底一層流蘇，再使用米色糖霜覆
　　蓋，這樣的色彩變化會讓流蘇看起來更有自然的立體層次。

06　在金屬材質部位刷上銀光粉。

07　將先前製作好的不規則綠松石糖片鑲入框架內。

08　最後在綠松石上局部刷上金粉製作天然礦石質地，此款 925
　　綠松石耳飾就完成嘍。

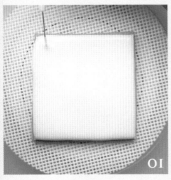

01 　使用濕性糖霜將分區塊填色完整。

02 　繪製圓環飾品底層及白玉寶石糖片。

03 　刷上核桃木色澤後繪製木紋線條，並在木環上方畫上綁
　　　線。

04 　將濕性糖霜輕壓在烘乾的底層上做出絨毛感材質，筆刷沾
　　　取金粉後做敲打，確認好飾品位置後黏上木環糖片。

05 　畫上耳鉤。

06 　畫上四色線條位置，以堆疊方式增加線條厚度。

07 　畫上流蘇，留意流蘇的自然曲線，局部做色彩的堆疊，製
　　　作順暢的毛流，在流蘇與木環連接處繫上打結的線條。

08 　白色底板的角落邊使用白色串珠點綴，森林流蘇耳飾就完
　　　成嘍。

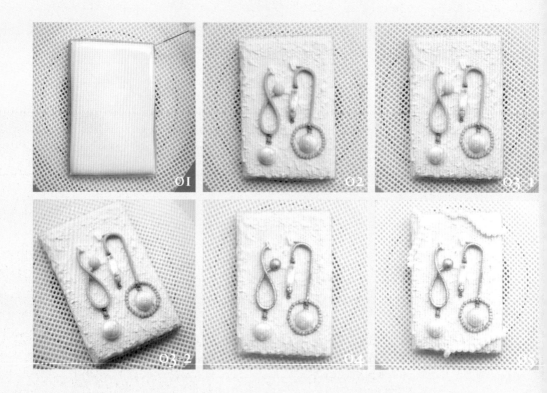

01　使用濕性糖霜將分區塊填色完整。

02　烘乾後將濕性糖霜輕壓在底層上，做出絨毛感材質。

　　使用食用鉛筆做飾品的定位及外型稿線，確認好位置後畫上
　　耳飾並結合糖片來做組裝。

03　沾取金粉敲打。

　　● 呈現加有金蔥的絨毛底層。

04　先沾取金粉刷上全部的金飾本體，再沾取淡金粉局部帶過，
　　增添金飾自然的深淺光澤。

05　白色底層的角落邊使用白色串珠做點綴，金色華爾滋耳飾就
　　完成嘍。

作品細節

KUKI time 糖霜餅乾的甜時光

從基礎概念到質感秘訣，

130+ 超美糖霜餅乾技法全圖解

		國家圖書館出版品預行編目（CIP）資料

作者　　　　林君倢
攝影　　　　林君倢
影像後製　　凱林印刷股份有限公司
責任編輯　　張芝瑜
美術設計　　郭家振
行銷企劃　　張嘉庭

發行人　　　何飛鵬
事業群總經理　李淑霞
社長　　　　饒素芬
主編　　　　葉承享
出版　　　　城邦文化事業股份有限公司 麥浩斯出版
地址　　　　115 台北市南港區昆陽街 16 號 7 樓
電話　　　　02-2500-7578
傳真　　　　02-2500-1915
購書專線　　0800-020-299

發行　　　　英屬蓋曼群島商家庭傳媒股份有限公司城邦分公司
地址　　　　115 台北市南港區昆陽街 16 號 5 樓
電話　　　　02-2500-0888
讀者服務電話　0800-020-299（09:30 ～ 12:00; 13:30 ～ 17:00）
讀者服務傳真　02-2517-0999
讀者服務信箱　csc@cite.com.tw
劃撥帳號　　19833516
戶名　　　　英屬蓋曼群島商家庭傳媒股份有限公司城邦分公司

香港發行　　城邦（香港）出版集團有限公司
地址　　　　香港九龍九龍城土瓜灣道 86 號順聯工業大廈 6 樓 A 室
電話　　　　852-2508-6231
傳真　　　　852-2578-9337

馬新發行　　城邦（馬新）出版集團 Cite（M）Sdn. Bhd.
地址　　　　41, Jalan Radin Anum, Bandar Baru Sri Petaling, 57000 Kuala Lumpur, Malaysia.
電話　　　　603-90578822
傳真　　　　603-90576622

總經銷　　　聯合發行股份有限公司
電話　　　　02-29178022
傳真　　　　02-29156275

製版印刷　　凱林印刷股份有限公司
定價　　　　新台幣 550 元／港幣 183 元
2024 年 11 月初版一刷 · Printed In Taiwan
ISBN 978-626-7558-30-0

國家圖書館出版品預行編目（CIP）資料

KUKI time糖霜餅乾的甜時光～從基礎概念到質感秘
訣，130+超美糖霜餅乾技法全圖解/林君倢作. -- 初版. -- 臺
北市：城邦文化事業股份有限公司麥浩斯出版：英屬蓋曼
群島商家庭傳媒股份有限公司城邦分公司發行, 2024.11
　　面；　公分
ISBN 978-626-7558-30-0(平裝)

1.CST: 點心食譜

427.16　　　　　　　　　　　　　　　113015285